料理全书 新版

初江奶奶带你从零开始学习日式料理

[日] 高木初江 著　　石秀梅 译　　小田真规子 监制

贵州科技出版社

初江奶奶的料理教室开始了

大家好！感谢大家长期以来对 NHK 电视节目《今天的料理初学者》的支持，我是担任讲师一职的高木初江。这次我们决定开设这间料理教室，希望能以简单、细致的讲解方式，让大家了解料理的基础知识。那么，让我们愉快地开始上课吧！

高木初江

生于日本滋贺县近江八幡市。除母亲教的日式料理、在料理学校学的中式料理外，她还自学并掌握了意大利料理、法国料理和亚洲其他国家料理，是位料理达人。

准备好了吗？
首先使烹调的热情高涨起来。

初次做菜、不擅长做菜，这样的人先从形式感开始学起吧！比如：系一条你喜欢的围裙，或者买一件新的厨具等。最重要的是要转换到料理模式，使烹调的热情高涨起来。

第一步，我们先照着菜谱来做吧。

口味的偏好因人而异。话虽如此，若总是按自己的口味做菜的话，烹调技术并不会进步。料理的味道和调味料的分量、食材量、烹调的顺序、加热的时间等息息相关。如果为了控制盐分而减少盐的用量，可能会使料理变成清汤寡水，或者出现异味，还有可能导致烹调失败。所以，做菜时应该先按照菜谱来，在掌握了基础做法后，再挑战做出自己的风格。

不能这也想学、那也想学，急于求成，
让我们一道菜一道菜地学起吧。

边看菜谱边做菜是很辛苦的，一次做好几道菜，对初学
者来说是有负担的。所以不要想着挑战菜谱上的全部菜
式，让我们一道菜一道菜地认真学起吧。反复练习，使
它变成自己的拿手菜，再一点点地多加积累。在学习做
菜时，一定要有这样的认识。

小小

初江的爱猫，
三色花猫中少有的雄性。

齐藤敏子

住在附近的初江的长女，
42岁，专职主妇。
非常喜欢吃，
但是相当不擅长做菜。

齐藤茜

敏子的长女，
10岁，小学四年级学生。

齐藤翔太

敏子的长子，
8岁，小学二年级学生。

齐藤真

敏子的丈夫，
45岁，在百货店工作。

目录 | CONTENTS

第 **1** 堂课

首先，基础的"基础"

008	来准备工具吧！
012	正确计量
014	备齐调味料
018	火候和水量的控制

第 **2** 堂课

不再迷惑！食材的准备处理

020	蔬菜的准备处理
	洋白菜
022	洋葱
024	胡萝卜
025	土豆
026	青椒·彩椒
027	西红柿·小西红柿
028	黄瓜
029	南瓜
	茄子
	苦瓜
030	生菜
	芹菜
031	芦笋
	荷兰豆
	豆角
032	小白菜·菠菜
	油菜
	西蓝花
033	芜菁
	白菜
034	萝卜
035	牛蒡
	莲藕
036	山药
037	芋头
038	生姜
	大蒜
039	葱·小葱
040	香菇
	蟹味菇
	金针菇

本书的规则及注意事项

● 关于本书中使用的烹调用具和量杯、计量用汤勺等，在第8~13页中有详细说明，请仔细确认。

● 在使用微波炉等烹调家电时，请仔细阅读使用说明书，正确使用。本书中提到的微波炉烹调时间适用于功率为 600 W 的微波炉，700 W 的微波炉使用时请定为该时间的 0.8 倍，500 W 的约为 1.2 倍。

041	豆芽
	水菜
	欧芹
	青紫苏
042	肉类的准备处理
	鸡肉
	鸡腿肉
043	鸡胸肉
	鸡脯肉
044	鸡翅根·鸡翅尖
	肝
045	鸡胗
046	猪肉
	肉片·细切肉
	五花肉
	里脊肉
	肩部里脊肉
047	牛肉
	碎肉切片
048	肉馅
	猪肉馅
	鸡肉馅
	牛肉馅
	混合肉馅
050	鱼贝类的准备处理
	鱼块
	生三文鱼
	生鳕鱼
	鲷鱼
	银鳕鱼
	旗鱼
051	鲕鱼
	鲭鱼
052	竹荚鱼
053	秋刀鱼
054	墨鱼
055	虾
056	生鱼片/刺身

057	蛤蜊
	金枪鱼罐头
058	豆腐与豆制品的准备处理
	豆腐
059	油炸豆腐
	油炸豆腐块
060	干货和海藻的准备处理
	萝卜干
	粉丝
061	羊栖菜
	切制裙带菜
	烤海苔
062	鸡蛋的准备处理

第 3 堂课

只要学会，一定美味！
烹饪技巧

064	"煎"的基础知识
066	西红柿煎鸡肉
067	盐烧鸡翅
	法式黄油煎鲑鱼
068	"炒"的基础知识
070	蒜炒油菜
	豆芽炒猪肉
071	味噌炒青椒肉片
	西芹炒牛肉
072	"炖/烧"的基础知识
074	土豆炖牛肉
075	炖芋头
	味噌煮青花鱼
076	"炸"的基础知识
078	炸鸡块
079	炸猪排
080	"蒸"的基础知识

082	猪肉烧卖
083	土豆蒸鸡肉
	茶碗蒸/鸡蛋羹
084	"煮"的基础知识
088	芦笋温泉蛋
	黄油拌豆芽玉米
089	葱拌鱿鱼
	葱汁猪肉焯蔬菜
090	"拌"的基础知识
092	酱拌小白菜
	白拌西蓝花
093	芝麻拌豆角
	黄瓜醋拌章鱼
094	"煮饭"的基础知识
096	三角饭团
097	海鲜什锦寿司
	黏糊糊的五分粥
098	"提取汤汁"的基础知识
100	滑子菇味噌汤
	鸭儿芹面筋汤
101	鸡汁挂面

第 4 堂课
掌握人气菜单

104	肉的人气菜谱
	姜烧猪肉
105	葱姜盐烧猪肉
106	照烧鸡腿肉
107	芝麻沙司浇煎鸡肉
	蒲烧海苔鸡肉卷
108	韩式烤鸡肝
109	黑椒鸡胗
110	肉汁汉堡

111 羽根饺子

112 煮猪肉片

113 油炸猪肉丸

　　海苔翅根

114 鱼贝类人气菜谱

　　法式香草煎鱼

115 烤鱿鱼

　　芦笋炒虾仁

116 水煮秋刀鱼

　　萝卜鲥鱼

117 鲜虾裹辣味番茄酱

118 意式水煮鱼

119 油炸竹荚鱼

120 豆腐的人气菜谱

　　豆腐五花肉

121 麻婆豆腐

122 铁板豆腐

　　照烧豆腐块

123 豆腐福袋煮

124 鸡蛋的人气菜谱

　　鸡蛋饼

125 西式土豆培根炸饼

126 汤汁鸡蛋卷

127 荷兰豆鸡蛋

　　卤鸡蛋

128 蔬菜的人气菜谱

　　土豆沙拉

129 水菜小鱼沙拉

　　牛蒡沙拉

130 苦瓜炒猪肉

131 小白菜炒香肠

　　牛蒡炒熏猪肉

132 麻婆茄子

133 芹菜油豆腐炖菜

　　炖南瓜

134 日式煎蔬菜

　　德国泡菜

135 腌制黄瓜

　　咖喱味腌胡萝卜

136 干货的人气菜谱

　　粉丝沙拉

137 煮羊栖菜

　　酱渍萝卜干蔬菜

138 米饭类的人气食谱

　　鸡肉蘑菇饭

139 颗粒分明的炒饭

140 细卷寿司

141 三文鱼棒寿司

142 面类的人气食谱

　　辣炒意大利面

143 黑胡椒意面

144 酱汁炒面

145 清汤萝卜泥酸梅荞麦面

　　油豆腐水菜乌冬面

146 汤菜类的人气菜谱

　　鸡肉丸子蘑菇汤

147 猪肉味噌汤

　　鸡蛋汤

148 蛤蜊浓汤

149 意式菜丝汤

150 西洋醋汤

　　中式玉米浓汤

155 红酒沙司

158 食材与料理索引

第 **5** 堂课

初江的智慧锦囊
调料汁和沙司

152 可使用的"调料汁"

　　和风黑高汤

153 万能蒜香酱油

　　甜咸味花生调料汁

154 自制"沙司"

　　白沙司

首先，基础的"基础"

在开始做菜之前，有一些希望大家准备的工具和调味料，以及希望大家了解的基础知识。这些是防止失败、做出美味料理最重要的基础中的"基础"，让我们好好学习一下吧！

来准备工具吧！

为了制作出美味的料理，让我们来准备适于烹调的工具吧！这里将讲解应提前备齐的工具、初学者方便使用的尺寸及特征、选择工具的要点等。

菜板

菜板是切菜和操作的平台。即使是做 2 人份的菜，也是 25 cm×37 cm 的尺寸使用时更方便些，而且，略厚一些的使用起来更安心。对于初学者，建议使用易于收拾整理的树脂菜板。

菜刀

初学者的第一把菜刀建议用三德刀，这是无论切肉、鱼、蔬菜、面包都适用的万能型菜刀。刀刃长度为 18~20 cm，材质选择不易生锈的不锈钢，更适合初学者使用。刀刃部分的厚度和重量适中为好。

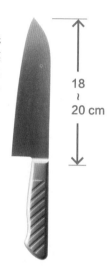

18 ~ 20 cm

削皮器

即刮皮器。对初学者来说，推荐使用刀刃水平、轻便而且刀柄形状易于抓握的类型。

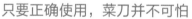

厨用剪刀

在切薄的、硬的、有强烈异味的东西时使用很方便。选择时应挑选手指插入部位宽松、易于抓握、刀刃开口较好且活动自如、拿起来感觉不太轻的。

只要正确使用，菜刀并不可怕

为了安全地切菜，首先最重要的是要把菜板放平稳。把抹布用水浸湿，拧干后展开，把菜板放在上面。一只手握紧刀柄的根部，另一只手指尖弯曲按住食材。让我们挺直背部，认真地看着手的动作切吧。

在菜板下铺一块浸湿过的抹布。

按住食材的手指尖弯曲。

 越贵的工具越能做出美味的料理吗？

平底锅

平底锅在很多料理中发挥着重要作用。2 人份的话，直径 24~26 cm 的便于使用，如果再备一个略小的、直径 18~20 cm 的锅就更完美了。材质表面经不粘加工处理，易于清洗的类型适合初学者使用。锅盖选能看到里面的、耐热玻璃材质的更方便，注意尺寸要与锅的大小吻合。

较小的平底锅

平底锅

锅盖

锅

从准备处理到完成，锅在烹调过程中是必不可少的工具。最基本的款式是直径 20~22 cm 的双把手锅。在此基础上，再准备一个略小的、直径 16~18 cm 的单柄锅（或者双把手锅）。选择较厚的、不锈钢材质的那种，会更有安全感。锅盖推荐使用能严密吻合的、略重些的类型。

双把手锅

较小的锅（单柄锅）

锅盖

未必如此。拿在手里试一下，选择手感舒适、看起来好用的。

盆

在准备处理蔬菜、混合食材时，盆是不可或缺的工具，最好准备大、中、小三个尺寸。如果是做 2 人份食物的话，推荐直径分别为 26 cm、22 cm、16 cm 左右的盆。材质方面，轻而坚固的不锈钢制品更适合初学者使用。

方形盘

在给肉和鱼入底味、挂糊或裹面时使用。和盆一样，准备大、中、小 3 个尺寸会更方便。以能放入较大的两片肉的 24 cm×18 cm 左右的为中型，再选择比它略大和略小的组合起来就可以了。

漏勺

为了按不同用途分别使用，我们要准备一大一小、不同类型的漏勺。大的可以单独放置使用，要选择足够稳定的那种。小的选择带手柄的类型，用手拿着会更方便。

漏勺，
要选择适合
盆和锅的尺寸

漏勺多用于将切菜时出现的水分控到盆里或一边过滤一边入锅时使用。根据现在用的盆和锅的大小，选择可多处使用的尺寸会更方便。大漏勺选择与较大的盆尺寸相符的，带柄的小漏勺则选择与锅尺寸相符的。

Q 可以使用普通筷子或一次性筷子代替料理用的长筷子吗？

长筷子

在烹调或装盘时使用长筷子。为了传热慢，它比普通的筷子略长一些。推荐使用轻便、不易滑的竹筷子。

V 形夹子

在夹较厚、易滑、用长筷子不易夹的东西时，用 V 形夹子会很方便。选择柄长、轻便的款式，操作时会更轻松。夹子前端用强耐热的硅胶制成，在表面有不粘涂层的平底锅中也可使用。

擦丝器

擦丝器有各种各样的材质和形状，对于初学者来说，带有较大的接菜盒子的类型更方便使用。

木铲

木铲有各种各样的形状，对于初学者来说，使用铲子头部比较平、一边略呈锐角的简洁款比较好。用于加热烹调时推荐使用手柄较长的款式。

硅胶铲子

以铲子头部有恰到好处的弹力、手柄易于抓握的款式为好。强耐热的硅胶制品在炒菜时也可使用。有大小两把的话会更方便。

 用普通筷子烹调，有时会出现外层涂漆剥落等现象，而且短筷子也不适合加热烹调使用。

正确计量

材料的分量如果不对的话，料理就不会好吃。尤其是调味时使用的调味料，正确计量是很重要的。首先，让我们掌握量杯和计量用勺的正确使用方法吧。

计量用勺

1 大勺 =15 ml　1 小勺 =5 ml

量杯

1 杯 =200 ml

3 把一套的量勺，要注意 0.5 小勺的那把

在量勺中，有的在大勺、小勺之外，还配有一把量度为 0.5 小勺（2.5 ml）的勺子。如果将这把最小的勺子错当作"小勺"，量出来的量会偏少，使用时请注意。

用勺计量

● 粉末类 1 大勺（小勺）

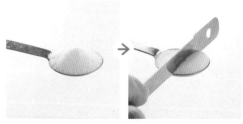

将量勺装得满满的（左图），再把上面冒出的尖儿刮平（右图），这叫作 1 平勺。

● 液体 1 大勺（小勺）

水平拿着量勺，一点点倒入液体，一直倒到液体表面沿勺子边缘向上微微隆起，再加入就会溢出的状态。

● 粉末类 0.5 大勺（小勺）

按 1 大勺（小勺）的要领刮平，用别的工具如其他勺柄竖着将其一分为二画线（左图），用勺柄掏出一半去掉（右图）。

● 液体 0.5 大勺（小勺）

加入液体到量勺深度的七成，要注意如果只加到一半深度，量会不够。也有标有半勺刻度线的量勺。

Q 计量调味料时，用普通的汤勺不行吗？

◉ 糊状物 1 大勺（小勺）

将量勺装得满满的冒出，填满空隙并压实（左图），用硅胶铲比较容易压实，再把表面刮平（右图），这叫作 1 平勺。

◉ 糊状物 0.5 大勺（小勺）

按 1 大勺（小勺）的要领刮平，竖着一分为二画线（左图），掏出一半去掉（右图）。

用量杯计量

◉ 粉末类 1 杯

盛入砂糖或面粉等粉末类，松松地装一杯并把表面刮平。

✕ 这样做不对
用勺子把粉末使劲压实是不行的。

◉ 液体 1 杯

把量杯放到平的地方，一边看着刻度一边倒。

✕ 这样做不对
用手拿着量杯倒的话，不能保证水平，很难准确计量。

用手指计量

◉ 少许

加入盐之类的调料时，用拇指和食指捏，或者在食材的表面撒薄薄一层，加少量调味料时用此方法。

◉ 一撮

拇指和食指、中指三根手指捏的量，比四分之一小勺少，比少许略多。

有秤和定时器的话会更可靠

如果有用于计量食材重量的秤和定时器的话，可以准确计量重量和时间，比较不容易失败。推荐使用易于读数、显示电子数字的类型。

电子秤

定时器

备齐调味料

让我们先把盐、酱油等做菜时必不可少的"基本调味料"备齐。菜谱中经常出现的"其他调味料"，可视其必要程度适当准备一些。

基本调味料

盐

除加入咸味外，它还可以排出食材中的水分、延长食材的保存时间。需要注意的是盐粒的大小。如果是细粒盐，一小匙的重量是 6 g，而粗粒盐等大粒盐则是 5 g。一般情况下菜谱里提到的都是细粒盐，这一点也要注意。

比较一下
味噌和酱油的盐分

虽然种类不同，盐分的浓度也各异，但是比较平均含盐量的话，1 大匙酱油与 1.5 大匙味噌的含盐量大体相同，相当于半小匙盐。以此为标准来大致调配调味料时，就可以根据自己的爱好来调味。

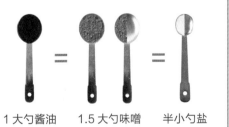

1 大勺酱油　　1.5 大勺味噌　　半小勺盐

酱油

酱油是以大豆、小麦、曲为原料，经发酵、精酿而制成的。在咸味的基础上，又加入了鲜味和相应的风味。一般所说的酱油，指的是"浓味酱油"。颜色是较深的红褐色，它是使用范围很广的万能型酱油。"淡味酱油"比"浓味酱油"颜色稍淡、盐分略多些。

浓味酱油　　　　　淡味酱油

味噌

味噌是把大豆蒸熟后捣碎，加入曲和盐后发酵而成的。曲是往大米、大豆、小麦里加入曲霉菌繁殖后制成的，根据使用的曲的种类（或原料）的不同，可以分为大米曲味噌、小麦味噌、大豆味噌；根据颜色的不同，还可分为赤味噌、白味噌、浅色味噌；依据口味（或含盐量）的不同又可分为辣味味噌、甜味味噌等不同类型。

Q 调料要按照糖、盐、醋、酱油、味噌的顺序加入，是真的吗？

糖

糖是用来加入甜味的调味料，除此之外，还可以给食材上色、加上漂亮的照烧色。没有特殊说明时，"砂糖"指的是白绵糖。白绵糖的特征是颜色白而颗粒细，绵软润泽，易于溶解，口味醇厚。

味啉

味啉是一种甜味调味料，属于酒类，由大米和米曲、烧酒或酒精制成。一般常售的是"本味啉"，是比糖更高级的甜味调料。有一种叫作"味啉风味调料"的调味料，口味类似于味啉，但其制作方法和原料都与味啉不同，酒精含量较少，含盐分。

醋

可分为以谷物为主要原料的谷物醋（大米、小米、高粱、玉米等）、以大米为原料的米醋、由苹果汁发酵而制成的苹果醋等诸多种类。黑醋（黑米醋）是米醋的一种，是用独特的方法发酵、精酿而制成的。在此向初学者推荐谷物醋，没有怪味，口感清爽。

酒

酒用于去除肉和鱼的腥味，使食材柔软，还能添加鲜味和风味。菜谱中出现的"酒"指日本酒（清酒）。为了烹调用而制作的"料理酒"中，有的含盐分，要查看标志确认。

A 加入顺序依不同料理或制作的量不同而变化，还是按照菜谱的顺序加入吧。

其他调味料

色拉油

是一种精制而成的生食用油，可加热使用，没有怪味，是使用范围广泛的万用型油。

橄榄油

是由橄榄的果实压榨制成的油。推荐在做沙拉调味汁和生食时使用香味更浓的特级初榨橄榄油。

芝麻油

是将芝麻炒过之后榨出的油，有香喷喷的芝麻香味。透明的那种是用未炒制的芝麻榨成的"白芝麻油"。

黄油

是将牛奶中的脂肪成分分离出来而制成的。分为有盐和无盐两种，未特别说明时，烹调用的是有盐黄油。

蛋黄酱

是将鸡蛋和植物油、醋、香料等混合，经乳化而制成的。它醇厚的口味在烹调中也会发挥作用。

中浓度沙司

是在蔬菜和水果中加入调味料或香料加工制成的。在酱汁中，它的浓度和口感都属于中等。

番茄酱

是将西红柿的果肉煮成浓稠汁状，用盐、砂糖、醋、大蒜、洋葱、香料等调味而成的。可直接浇到料理上，也可在烹调时调味用。

蜂蜜

是蜜蜂将采集到的花蜜在蜂巢中经浓缩而制成的糖液。因花的种类不同，其颜色、味道、香味、成分等也各不相同。

胡椒

是将一种热带植物的果实弄干后制成的，有刺激的辣味和清爽的香味。包括由未成熟果实制成的黑胡椒和将成熟果实剥皮后制成的白胡椒两种。

粉末　　　　　　粗粉末

粒状

肉豆蔻

是由肉豆蔻科植物种子的胚乳部分制成的香料。去除异味效果很好，在做肉和鱼的料理时很常用。

混合香料（干料）

是将多种干香料混合而成的，有名的是意大利混合香料、适用于法国南部料理的普罗旺斯香料等。

  非常喜欢香辣的味道，因此会比菜谱上多放些豆瓣酱，没关系吧？

芥末膏

是将由芥菜种子制成的香辛料"芥末"的粉末用温水熬制而成的,有很冲的刺激性辣味。

芥末粒

把西洋芥末(辣根)的粒留下,连种皮一起碾碎,加入醋和调味料制成。与芥末膏相比,芥末粒的辣味温和些。

花椒粉

是把花椒的果实的皮弄干后制成的粉末。有清爽、带刺激性的香味和辣味。

七味辣椒粉

用辣椒、芝麻、亚麻果实、紫苏果实、花椒粉、陈皮、海青菜粉等混合而成。其成分因品牌不同而有所区别。

豆瓣酱

以蚕豆为原料制成的中式辣酱。其特征是有刺激的辣味和咸味,因发酵而具有鲜味和一种特殊风味。

蚝油

以蚝为原料制成的中式调味料。口味甜辣、有浓郁的风味和鲜味,口感醇厚。

甜面酱

在中式料理中常用的甜酱。虽然面酱的"面"意思是以小麦为原料,但也有以大豆为原料制成的酱。

花生酱

把花生炒过后碾碎,加入糖、盐、油等制成的糊状物。除带粒的类型(见图)外,还有无花生碎、无糖等类型。

芝麻粉

是把炒过的芝麻碾碎后制成的。比炒芝麻更容易体现其风味,容易与调味料融合。

芝麻酱

将芝麻炒熟,一直碾压到呈糊状而制成。烹调用的芝麻酱一般为不加甜味的类型。

淀粉

现在多以土豆、红薯、小麦等为原料制成。

面粉

用小麦磨成的粉,依所含面筋(谷朊,蛋白质的一种)的不同,分为高筋粉、中筋粉、低筋粉等。若没有特别说明,面粉指的是"低筋粉"。

 辣味可以依个人喜好增减。只是豆瓣酱等调料中含盐分,注意不要过咸。

火候和水量的控制

食材当中，有的很难熟，有的没有水分，很容易炒煳。失败的原因通常是没有掌握好火的强度（火候控制）、水和汤汁的量（水量控制）。让我们记住控制火候和水量的三个阶段吧。

基本的火候控制

◉ 大火
火焰烧到锅或平底锅的侧面，接触到全部锅底的状态。在烧开水、炒菜过程中去除水分时使用。

◉ 中火
火焰顶部与锅或平底锅底部接触的状态。是烹调中加热时常会用到的火候。

◉ 小火
火焰的高度为火焰底部到锅或平底锅底部一半时的状态。在长时间慢煮、用较少的水分边蒸边加热时使用这种火候。

◉ 电磁炉
电磁炉是电磁诱导加热，通过加热放在面板上的锅或平底锅的锅底来加热锅里的食材。它的特点是火力（瓦数）范围很广，表示火力的数值档位因生产厂家的不同而不同，要在仔细阅读使用说明书后再使用。

基本的水量控制

◉ 浸过食材
指锅或盆中的食材顶部只有一点点露出水面时的水量，也说成"刚刚没过"。可以用于煮汤较少的火锅。

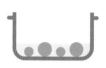

◉ 没过食材
指锅或盆里的食材逐渐隐入水中时的水量。在慢慢加热时使用。

◉ 加足量水
锅或盆中的食材完全被浸没时的水量。可以用足量的水煮带叶蔬菜和面类，由于温度变化较小，煮完后更好吃。

确认水或汤汁"煮开"

"煮开后转小火""汤汁煮开后加入"等，水或汤汁的状态就是判断烹调时机的标准。"煮开"就是锅里整体咕嘟咕嘟冒出气泡的状态。烹调过程中要认真观察锅中的状态。

第 **2** 堂课

不再迷惑!
食材的准备处理

从什么开始做起?怎么切菜?准备处理食材时会有很多让人迷惑的问题。因此,这一节课将详细介绍各种常用食材的准备处理方法。让我们看着照片一个一个认真学习吧!

蔬菜的准备处理

为了充分保持蔬菜的原味，我们先要掌握蔬菜的准备处理方法。对于需要特别清洗方法的食材，我会重点说明。对于没有事先特别说明的其他蔬菜，也要清洗后使用。

【洋白菜】

洋白菜可以生吃，烧、炒、煮也很好吃。下面详细讲解一下处理洋白菜的基本方法。切丝的要点是不要慌，要细心地切。

○ 从根部开始剥下

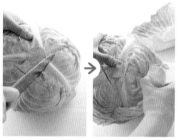

将根部硬芯朝上放置，在叶与根连接的部位，用菜刀的尖划一个切口（左图）。用拇指扒住菜帮切口处往下剥，要小心，尽量不要撕破（右图）。

○ 切成弓形

将洋白菜切成两半或4等份时，把根部的硬芯朝上放置，沿着叶上的粗叶脉来切（左图）。再切的时候，把菜刀放在硬芯上直接切下（右图）。

○ 去硬芯

对切开的洋白菜，从切口处插入菜刀把硬芯切掉。

○ 切成 5 cm 见方

把剥下的洋白菜展开，将3~4片叠在一起，切成长和宽各为5 cm的方块。这种切法适用于炒菜等。

○ 撕

用手把菜叶撕成方便吃的大小。因为菜的撕口呈不规则的锯齿状，与用菜刀切的相比，调味料更容易附着在菜上。

○ 切丝

菜叶剥下之后，取一片菜叶，根部朝自己一侧铺开，把粗的叶脉切掉，竖着切4等份。

↓

把切成的叶片摞起，横过来放置，从一端开始细细地切。剩下的菜叶也以同样方法切，切掉的叶脉先切成薄片再细细地切。

Q 把洋白菜的硬芯扔掉，总觉得有些浪费……它有什么吃法呢？

切成弓形后，把硬芯切掉，把靠近硬芯的内侧部分切下，将外侧的叶片从上向下按平。

从较窄的一端开始斜着细细地切。因为一次切出的长度较短，更容易切得粗细一致。内侧靠芯的叶片也同样按住细细地切。

○ 切粗末

把洋白菜切成较粗（约5mm宽）的丝，横过来斜着拢成一束，从一端开始细细（约5mm宽）地切。

○ 在水中浸泡使之水灵挺括，擦干水分

在盆中加入足量冷水后把洋白菜浸入，放置20分钟使它变得水灵挺括（上图）。放到漏勺上，上下大幅度摇动去除水分，再用厨房纸巾轻轻擦去水分（下图）。

○ 加盐揉搓后挤去水分

把洋白菜放入盆里撒上盐，充分搅拌约1分钟，然后放置约10分钟。洋白菜变蔫后，用两手用力挤去水分。

试着做吧

蒜泥洋白菜沙拉

用料（2人份）
洋白菜3~4片（200g），大蒜少许（捣成泥），香油2小匙，酱油1大匙，醋1大匙

1 把洋白菜放入冷水中浸泡约20分钟，使其水灵挺括，擦干水分后撕成5cm见方的片。
2 把洋白菜放入盆中，加入蒜泥和香油，上下充分搅拌大约10次，加入酱油、醋后，再同样搅拌大约10次。

1人份含293 kJ
烹饪时间5分钟
＊不包括浸泡洋白菜的时间。

 可以加到炒菜中，或者作为味噌汤里的配菜食用。因为它很硬，操作要点是要切得很薄、很细。

【 洋葱 】

洋葱在各种料理中都发挥着重要作用。
在炒菜或做沙拉时要切成片、放入肉类原料中时要切成末等，
切法有很多，让我们来掌握这些基本的切法吧。
因为辣味很浓，生吃时要在水里泡一下。

纤维的方向

◯ 切掉上下部分

把表面的薄皮剥掉，把根部和上面变色的部分切掉。

◯ 切成弓形

竖着切成两半，按纤维方向纵向放置，从上面放射状地向中心切。切的宽度依据不同的料理来调节。

◯ 切成 1~1.5 cm 见方

沿着纤维方向切成 1~1.5 cm 宽，掉转方向斩断纤维再切成 1~1.5 cm 宽。这样能更好地发挥洋葱的风味，享受它的美味口感。这种切法适用于炒菜、西式炖菜、汤等。

◯ 沿着纤维切薄片

竖着切两半，按纤维方向竖着放置，从一端开始薄薄地切。因为保存了纤维，吃起来口感爽脆。

◯ 斩断纤维切片

竖着切成两半，按纤维方向横着放置，从一端开始薄薄地切。这样切出的洋葱很柔软，很快就会变蔫。

◯ 用水浸泡

在盆中加入足量的水（或者冷水），放入洋葱，浸泡约 20 分钟（新洋葱大约 5 分钟），去掉辛辣味，口感会更好。

◯ 控干水分

把洋葱放到漏网上，摊开放置一会儿自然沥干水分。着急时可用厨房纸巾拭干水分。

在冰箱里冷藏后
再切就不会流泪了

切洋葱时之所以会流泪，是因为被破坏的细胞产生了刺激性的气味和辣味，会刺激眼睛和鼻子。降低温度可以抑制其挥发，所以把洋葱放到冰箱里，在切之前再拿出来会比较好。还有，使用锋利的菜刀，这样在切时不容易破坏细胞，也是比较有效的方法。

Q 把洋葱切成末太麻烦了，捣碎不行吗？

○ 切细末

将洋葱纵向切半，将切面朝下放置，顺着纤维的方向按 2~3 mm 的宽度向下切，不完全切断，在一端要连着。

↓

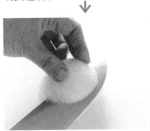

掉转方向让纤维方向横过来，把菜刀放平，水平地切入 3~4 刀。

↓

之后横向从一端入刀，斩断纤维细细地切。剩下的边缘部分，沿着纤维方向间隔 2~3 mm 切入几刀，再从一端细细地切。

○ 切粗末

切成比较大的末，各边宽度都增加到 4~5 mm，因为宽度变粗了，洋葱更有嚼劲，味道也更重了。

○ 撒上盐

把洋葱放入盆里，加入盐后混合均匀，放置大约 10 分钟。撒上盐后更容易排出洋葱的辣味和多余的水分。

○ 挤出水分

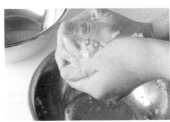

两手握住洋葱末挤出其中的水分。去除水分后，在做馅或加入以肉为原料的料理中时，就不会变得水乎乎的了。

试着做吧

洋葱香料沙拉

用料（2 人份）
洋葱 1 个，酱油 1 大匙，干柴鱼片（小）1 袋（5 g）

1 把洋葱的根和头去掉，竖着切成两半，顺着纤维的方向切片，在水中浸泡约 20 分钟，放到漏网上控干水分。
2 装入容器，浇上酱油，撒上干柴鱼片。

1 人份含 188 kJ
烹饪时间 5 分钟
＊不包括浸泡、沥干水分的时间。

 捣碎的话水分出来得太多，用作汉堡肉饼中的配菜时会失败。慢一点儿也没关系，让我们努力地切吧。

【胡萝卜】

胡萝卜鲜艳的橘色可以使料理的色彩一下子变得明亮起来。
因为它是坚硬的、不易煮透的食材，切时要按照菜谱的说明，
形状、大小、厚度都要保持一致，这一点非常重要。

● 清洗

放入水里，用刷子擦洗表面残留的土和污垢。特别是带皮食用时，更要仔细清洗。

● 削皮

削皮时使用削皮器会很方便。把胡萝卜竖着拿在手里，从粗的一端开始，竖着径直削下来。

● 切滚刀块

先在尖部斜着切一刀，再将胡萝卜向内旋转约 90 度后在切口面斜着切。切口面大更容易熟透，也更容易入味。这种切法适用于炖菜。

● 切圆片

将胡萝卜横着放，用刀切，使切面呈圆形。炖菜时可切得略厚些，用于沙拉或腌菜等时可切薄些。

● 切成半圆形

把切成圆片的胡萝卜断面切成两半。这样更容易熟透，适用于炖菜。也可以先竖着切成两半，再从一端切片。

● 切成扇形

将切好的胡萝卜圆片切十字刀，这种切法适用于做汤或者凉拌菜。

要切成较薄的片，可以先竖着切 4 等份后再切片。把其中两条组成半个切会更容易些。

● 切成 1 cm 宽的条

先将整个切成方便吃的长度，然后竖着切成 1 cm 宽，再沿纤维方向切成 1 cm 宽。这种切法适用于制作西式腌菜和炖菜。

● 切成长方形

先切成方便吃的长度，然后竖着切成1 cm 宽，再顺着纤维的方向切片。这种切法更容易熟透，适用于炒菜。

● 切丝

从尖端开始斜着切片。

一点点摞起来摆好，这样边缘部分也会比较好切。

从一端开始细细地切丝。宽度和厚度相同，形状更美观。采用这种切法，胡萝卜的嚼劲恰到好处，容易熟透，适用于沙拉或炒菜。

Ⓠ 为什么要切成同样的大小和形状？大小和形状各不相同不行吗？

【土豆】

土豆有时会煮烂，有时又会煮得太硬。
为了防止这种失败，让我们根据不同的料理来做相应的准备吧。
松软易碎的面土豆和不容易煮烂的脆土豆是我们熟悉的品种。

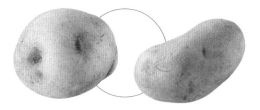

面土豆　　　　　脆土豆

◉ 清洗

放入水里，用刷子擦洗表面残留的土和污垢。特别是带皮使用时，更要仔细清洗。

◉ 去芽

把汤勺的边缘或削皮器的尖端抵在芽旁边，围着芽转一圈把芽挖下来。

◉ 削皮

用削皮器沿着球面削，球面比较陡直的地方，削得短一些就可以了。

◉ 切成 2~3 等份

大小零散不齐的时候，先把小的切成两半。

大的切 3 等份。

切 3 等份时，先在长度三分之一的地方切断，剩下的部分竖着平分，这样形状和大小比较一致。这种切法适用于煮菜和西式炖菜。

◉ 切成 4 等份

先切成两半，再转过来从切口面（或切口面朝下）切成两半。这种切法适用于长时间煮或蒸的时候。

◉ 切成 2~3 cm 见方的块

竖着切成 4 等份，从一端切成 2~3 cm 宽，因为容易熟透，这种切法适用于煮的时候。

◉ 切成 1 cm 见方的块

从一端切成 1 cm 宽，放倒后切成 1 cm 宽的条，再从一端起切成 1 cm 宽。这种切法适用于做汤时。

◉ 在水中浸泡

把切好的土豆放入水中，水刚刚没过即可，放置5~10分钟。在水中浸泡可以防止其变色或煮烂。根据所做料理的不同，有时候不需要在水中浸泡。

【 青椒・彩椒 】

青椒和彩椒都是辣椒一族，但是没有明显的辣味。
让我们来掌握去除蒂和籽的方法以及切法的要领吧。
彩椒的准备方法和青椒是一样的。

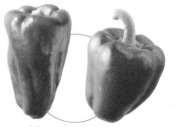

青椒　　　　彩椒

◉ 竖着切成两半

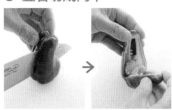

把青椒的蒂朝下立起来放置，从顶部入刀，切到离底部还有约 1 cm 时（左图），用手掰成两半，这样籽不会到处飞散（右图）。

◉ 去除蒂和籽

从蒂的部位用拇指按着向外取，把蒂和籽一起取出。

◉ 切成 2 cm 见方的方形

把竖着切成两半的青椒横着放。从一端开始切成 2 cm 宽的条。再把切好的条横着放，从一端开始切成 2 cm 宽。这种切法适用于炒菜。

◉ 切丝

把竖着切成两半的青椒斜着放置，从顶端开始斜着细细地切。这样青椒的口感既柔软又能享受到恰到好处的嚼劲。这种切法适用于凉拌菜等。

◉ 滚刀切

从顶端开始斜着切，之后向内侧旋转约 90 度后再斜着切。这样切出的青椒好吃、嚼劲恰到好处，适用于各种料理。

↓

滚刀切的时候，最后拿着剩下的蒂将它切下，去掉蒂和籽。这样籽不易散落。

◉ 用盐水搅拌

在青椒中拌入略浓些的盐水，放置一会儿，能去除青椒独特的味道，并能淡淡地着味。与直接用盐揉搓相比，这样更能保留口感。

◉ 挤干水分

等用盐水搅拌后的青椒变蔫后，用两手包住一捧青椒轻轻按压，挤出水分。如果挤压太用力，青椒的风味也会被去除，这一点要注意。

试着做吧

青椒拌海带

用料（2 人份）
青椒 4 个，盐水（盐半小匙、水 2 大匙），生姜（切碎）1 块，盐味海带 5 g，香油和白芝麻各少许

1　将青椒竖着切成两半，去掉蒂和籽，切成丝。放入盆中拌入盐水放置约 15 分钟。

2　把 1 中的青椒挤去水分放入另一个盆中，依次加入生姜、盐味海带、香油。装盘后，撒上白芝麻。

1 人份含 105 kJ
烹饪时间 5 分钟
＊不包含青椒拌入盐水后放置的时间。

Q 青椒的籽不能吃吗？

【西红柿·小西红柿】

可以做沙拉、沙司或是放入汤里。
西红柿和小西红柿是无论生吃还是加热吃都很美味的可靠食材。
让我们来学习去除蒂部的方法以及切得漂亮的要领吧。

西红柿　　　　小西红柿

◐ 去除蒂部

把菜刀尖斜着插入蒂的一侧，将西红柿旋转一周把蒂挖掉。小西红柿的话，用手捏着摘去。

◐ 去籽

横着切成两半，用小汤勺舀着取出籽。去除籽之后，不易出现酸味和水乎乎的感觉。

◐ 切成圆片

把西红柿横着放倒，从顶端开始切。因为皮薄且质地柔软，不好切，可以先把刀尖插入划一个切口（左图），再把菜刀放直，把刀刃放在刚才的切口处径直向下切（右图）。

◐ 开水烫去皮

在西红柿上浅浅地划上十字刀，放到铁勺上浸入热水中。过约30秒、皮开始打卷后拿出来（左图）。迅速放入冷水中冷却，从切口的地方把皮剥掉（右图）。

◐ 切成 1~2 cm 见方的块

竖着切成1~2 cm宽，放倒后再横着、竖着各切成1~2 cm宽。这种切法适用于做汤或沙司的时候。

◐ 在皮上划几刀

小西红柿在炒制、焖制的时候，在皮上划开几刀，水分更容易出来，美味也更容易挥发出来。

试着做吧

西红柿沙拉

用料（2人份）
西红柿2个，沙拉调料（酱油、醋、橄榄油、白芝麻碎各1大匙、胡椒少许）

1　西红柿去蒂，横着切成1 cm厚的圆片。
2　将西红柿装盘，把沙拉调料的各种材料充分混合后浇在西红柿上。

1人份含 502 kJ
烹饪时间 5 分钟

Ⓐ 长时间慢慢加热后也能吃，但是很硬、口感不好，所以一般烹调时都去掉。

【黄瓜】

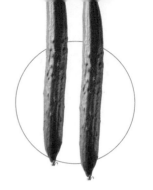

咯吱咯吱的爽脆、清新的香气、新鲜的水灵劲儿是它的特色。
最重要的准备方法就是在菜板上滚动腌制。
把盐搓入黄瓜后，它特有的青涩味会被去除，更容易入味。

◎ 在菜板上滚动腌制

把黄瓜摆放在菜板上，撒上盐（1根黄瓜约1小匙的量），两只手一边轻轻按着一边转动黄瓜，这就叫在菜板上滚动腌制。最后用水冲洗，再拭去水分。

◎ 拍黄瓜

把黄瓜放到菜板上，用木铲按住，用手从上往下按把黄瓜压碎。如果按普通的方法拍，碎片会到处飞溅，用手按压更好些。

↓

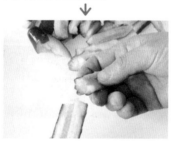

用手把黄瓜撕成方便吃的大小，这样断面凹凸不平，调味料更容易渗入。

◎ 横切

把黄瓜横着放置，从一端起切薄片。把菜刀的刃稍微向内（按着菜的手的一侧）倾斜，黄瓜就不容易滚动了。

◎ 切丝

将黄瓜斜着切成薄片后，一点点摞起来摆好，从一端开始细细地切成丝。

试着做吧

芝麻拌拍黄瓜

用料（2人份）
黄瓜2根，盐2.5小匙，香油2小匙，白芝麻1大匙

1 在黄瓜上撒上2小匙盐后在菜板上滚动腌制，用水冲洗一下拭干水分。用木铲把黄瓜压碎、撕成方便吃的大小。

2 把黄瓜放入盆中，加入香油后搅拌。加入半小匙盐、芝麻，像用手揉搓一样充分搅拌均匀。

1人份含335 kJ
烹饪时间5分钟

【 南瓜 】

南瓜松软可口，有很高的甜度。
因为皮很硬不好切，推荐初学者
买已经切成 4 等份的。
不过，我们也要好好掌握切的要领。

◉ 去掉瓤和籽

用大汤勺把中央柔软的部分挖出来，去掉
瓤和籽。

◉ 切开

先把中间凸出部分的皮薄薄地切掉（左
图），这样向下放置时会更稳定。把凸面
朝下放置，按着菜刀向下切开（右图）。

◉ 不完全削皮

因为皮厚，用削皮器有间隔地削皮，南瓜
更容易煮透。4~5 cm 见方的南瓜块上削
一两处即可。

【 茄子 】

茄子和油是绝配，我们常吃的
是炒菜、炖菜、油炸类菜。
因为切口容易变色，在烹调前
再切是处理它的重点。

◉ 竖着切成 4 等份

把围绕花萼四周的坚硬部分去掉，竖着切
成两半，再切成两半。

【 苦瓜 】

名为苦瓜，是因为它有独特
的苦味。
虽然因个人口味不同也有人会
喜欢，但适当去除苦味能使它
成为有特色的料理。

◉ 去掉瓤和籽

把苦瓜从中间竖着剖开，把中间柔软的瓤
和籽用汤勺挖出。

◉ 泡水

在盆中加入足量的水，放入切好的苦瓜浸
泡约 20 分钟。在水中浸泡后，苦味会得
到缓解。

A 品种不同，也有毛刺很少的。还是选择整体有张力、水灵的吧。

【生菜】

常见于沙拉中的生菜水灵灵的，爽脆的口感是它的魅力所在。在水中浸泡，再拭干水分，经过这一番准备，会变得更加美味。

○ 从根上剥下

把底部朝上放置，用菜刀沿着菜的根部切一圈，从切口处往下剥能剥得更整齐。

○ 手撕

用手撕成适合食用的大小。生菜如果用菜刀切，切口容易变色。而且，撕开的生菜更容易包裹上调味料。

○ 用冷水浸泡

在盆中准备足量的水，放入生菜浸泡约20分钟，使生菜变得更水灵挺括。

○ 拭干水分

把在水中浸泡过的生菜放到漏网上控去水分，再拿一张厨房纸巾盖在生菜上，轻抓几下拭干水分。

【芹菜】

它清爽的香气和清脆的口感是我们要充分发挥利用的。去掉筋后吃起来更方便，口感也会更好。叶子剁碎后可拌沙拉。

○ 去筋

把菜刀放在芹菜茎的切口处，用手捏住筋的一端，轻轻地往下拉就可以把筋去掉。

○ 切斜片

从与纤维方向稍稍倾斜的角度入刀，薄薄地切片。因为切口变大了更容易熟透，口感也更好。这种切法适用于炒菜和沙拉等。

○ 竖着切片

竖长放置，沿着纤维薄薄地切片。想更好地享受芹菜的嚼劲时可以这样切。

试着做吧

生菜海苔沙拉

用料（2人份）
生菜半个，香油2小匙，A（味噌2小匙，水少许），青紫苏4片，烤海苔（完整）1片

1 生菜撕成适宜食用的大小，在冷水中浸泡约20分钟使它更水灵。沥干水分，用厨房纸巾擦干。

2 把1放入盆中，加入香油用手抓着搅拌约10次。加入A后同样搅拌。把青紫苏和海苔撕成能一口吃下的大小，放入盆中粗粗地搅拌一下。

1人份含 251 kJ
烹饪时间 5 分钟
＊不包含生菜在冷水中浸泡的时间。

Q 放入冰箱存放后，生菜会变得软塌塌的，有什么办法吗？

【芦笋】

隐约的甜味和香气是它的魅力所在。
有穗的一端很柔软，但下方的皮很厚，有点儿硬。
去掉皮之后，可以使它更易熟透，吃起来更美味。

◉ **去掉下部的皮**

把根部一端切去 2~3 mm，用削皮器削去下边一半左右的皮。因为太细，可以放在菜板上转动着削皮。

◉ **滚刀切**

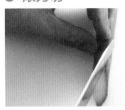

从顶端斜着切，然后向内侧转动约 90 度后斜着切。因为切口较大，更容易熟透，色彩也更富于变化。

【荷兰豆】

荷兰豆是豌豆中最普通的一个品种。
它翠绿的颜色和脆韧的口感是我们要充分发挥利用的。
可以煮一下加入炖菜，也可以放到炒菜或者味噌汤里食用。

◉ **冷水中浸泡**

在盆中准备足量的水，放入荷兰豆浸泡约 20 分钟，使它更水灵。即使加热食用时，用冷水浸泡也能使口感更好。

◉ **去筋**

把蒂的部分折下，就那样朝一侧轻轻一拉把筋去掉。去另一侧的筋时，可以在切口处用手捏住筋的一端朝下拉。

【豆角】

是趁豇豆还嫩着的时候把它摘下来，作为带荚类蔬菜食用的。
深深的绿色和独特的嚼劲是它的特征。
去筋时可以像择荷兰豆那样去掉。

◉ **切掉蒂**

有蒂的一端较硬，用菜刀把它切掉。

◉ **用盐揉搓**

把豆角放在盆里，加入较多的盐，使盐覆盖到所有豆角，揉搓约 1 分钟。这样处理后豆角煮出来颜色漂亮，也更易入味。煮的时候可以带着盐煮。

Ⓐ 用冷水浸泡后，就可以吸收水分重新变得水灵灵的了。试试看吧。

【 小白菜 · 菠菜 】

小白菜是青菜中有代表性的食材。
没有异味，容易处理，通常煮或炒后食用。
菠菜有涩味，但是焯过之后涩味散到水中就没事了。
它的准备处理方法和小白菜一样。

小白菜　　　　　　　　菠菜

◎ 向根部切入花刀

仔细清洗后将根部切去少许。从根部向里
切入 5 mm 深的花刀。这样浸到水里时可
以更好地吸收水分，也更容易熟透。

◎ 冷水中浸泡

将小白菜根部朝下浸泡到足量的冷水中，
根部吸收水分后会变得更水灵。

◎ 把茎和叶分开

在做要切开后加热的菜式时，要先把柔
软的叶子与比较耐煮的较粗的茎分开。

【 油菜 】

可以分为叶部和茎部，
能让我们享受到不同的口感。
因为不同部位耐煮程度不同，
所以切的方法是让菜美味的重点。

◎ 切成 3 等份、根部竖着切 6 等份

长度上横切为 3 等份。茎和根部竖着切两
半，再从根部硬芯处斜着入刀切成 3 等份
（左图）。因为叶和茎厚度不同，切时应先
分开（右图）。

【 西蓝花 】

圆形的菜头上，
细小的花苞密集在一起，像穗子
一样。
可以焯水后做沙拉、凉拌菜或炒
菜，也经常被当作配菜使用。

◎ 分成小穗

从穗的分枝处把西蓝花切成小穗分开。粗
大的茎削皮后切成方便食用的大小，既美
味又不浪费。

Q 小白菜、芜菁的茎之间有土，该怎么去除才好呢？

【 芜菁 】

白色、球状、圆嘟嘟的可爱的芜菁，没有怪味，无论是生吃还是加热后吃，都能品尝到它的美味。因为不耐煮，很快就会变软烂，所以要尽量切得大些，注意不要加热太久。

○ 切掉叶子

如果带着叶子保存，水分会被叶子吸收，就不再水灵了，所以要在芜菁上端坚硬的部位切一刀，把叶子切掉。切下的叶子可以作为青菜食用。

○ 竖着切成 4 等份

因为芜菁加热后很容易熟透，加热食用时要尽量切成较大的块。做火锅的话，竖着切成 4 等份不容易被煮烂。

○ 切成弓形

把芜菁竖着一分为二切开，然后菜刀斜着入刀，呈放射状地切。这种切法适用于炒菜等。

【 白菜 】

没有异味，口味平淡的白菜，特点是较厚的菜帮和较薄的菜叶具有不同的口感。因为含有很多水分，长时间慢慢地煮或者加盐去除水分后烹调为好。

○ 片切菜帮

对于相对较厚的菜帮部分，要将菜刀放平斜着入刀，像削菜一样薄薄地切。这样更容易烧透。

○ 切成 6~7 cm 长、2 cm 宽的条

将白菜横过来放置，切成 6~7 cm 长，再将白菜掉转方向，沿着纤维的方向切成 2 cm 宽。这种切法多用于凉拌菜。

○ 用糖盐水腌制

因为白菜含有很多水分，可加入糖盐水拌匀，放置约 30 分钟后会排出水分。加入糖会使盐的咸味变淡。

○ 挤干水分

用双手把变蔫了的白菜抓起，用力按压挤出水分。去除多余的水分可使味道更凝练，调料的味道更容易渗入。此步骤多用于凉拌菜。

凉拌白菜

用料（2 人份）
白菜四分之一个（300 g），A（盐 1 大匙，砂糖 1 小匙，水 1 杯），B（味噌 1 大匙，醋 1 小匙，豆瓣酱半小匙，香油 2 小匙）

1 将白菜剥开去掉菜芯，切成 6~7 cm 长、2 cm 宽的条。把白菜放入深碗中，把 A 混合后浇到上面，充分搅拌使白菜都沾上调料。静置 30 分钟左右。
2 在另一深碗中倒入 B 混合搅拌，挤去白菜的水分后放入深碗中，充分搅拌均匀即可。

1 人份含 335 kJ
烹调时间 10 分钟
＊不含腌制白菜的时间。

 在根部切花刀，在水中浸泡一会儿，茎被切开后土比较容易去除。

【萝卜】

虽然一年中总能吃到萝卜，但是在冬天正当季时，它的味道会更甜。
可以切大点儿、长时间煮，也可以切小点儿、做汤菜。
新鲜的白萝卜泥作为烧烤料理的配菜、面类的佐料，味道特别好。

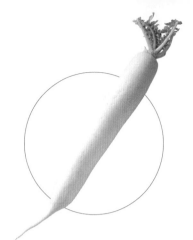

● 用菜刀削皮

把萝卜切成圆片后，用刀沿着侧面的弧线剥皮。在慢火炖煮时，皮削厚些可以使萝卜更快地软烂。

● 用削皮器去皮，削成薄的带状

竖着把萝卜拿在手里，用削皮器径直向下一拉，薄薄地去掉一层皮。整个萝卜也这样薄薄地削成带状。

● 切成圆片

把萝卜横着放置，把断面切成圆形。慢火炖煮时切成 2~3 cm 厚，或者切薄些用于沙拉等。

● 切成半圆形

把已经切成圆片的萝卜从断面切成两半，也可以先竖着切成两半，再从一端切成片。切成片后更容易煮透。

● 切成扇形

先竖着切成 4 等份，再从一端开始切片。也可以在已经切好的圆片上十字形切两刀。这种切法适用于汤菜类。

● 切丝

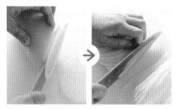

将萝卜横着放置，斜着切成薄圆片（左图）。将圆片一点点摞起来摆好，从一端起细细地切成丝（右图）。与纤维的方向形成一定角度斜着切，萝卜更容易发蔫，但能享受到适当的嚼劲。

● 切丝

切成 5~6 cm 长，沿着纤维方向竖着切片。然后一点点摞起来摆好，从一端起细细地切丝。因为保留了纤维，口感更加爽脆。

● 擦成泥

剥去皮，使纤维方向垂直放在擦丝器上，画着圆形把萝卜擦成泥。

● 轻轻沥干水分

把擦成泥的萝卜放到铺了厨房纸巾的漏网上，放置一会儿，自然地控去水分。注意不要挤去水分，因为这样会把萝卜的鲜味也去掉了。

Q 萝卜的叶子也可以吃吗？怎么吃才好呢？

【牛蒡】

牛蒡能让我们享受到独特的香气和口感。让我们来掌握充分发挥其独特风味的处理方法吧。

因为碱性很强，切后要在水中浸泡以防止变色。颜色和口味都很清淡。

【莲藕】

带有小孔的独特的断面和爽脆的口感是它的魅力所在。

它的纤维稍微有些硬，不要慌，慢慢认真切就行。

在水中浸泡，可以使它变得更加洁白。

◎ 用汤勺刮皮

用汤勺的边缘抵住牛蒡的皮摩擦，薄薄地削去一层皮。皮多少残留一些也没关系。牛蒡的风味就存在于皮及紧挨着皮的那层物质里，要注意皮不要去得太厚。

◎ 斜着切片

把菜刀斜着呈一定角度入刀切片。因为切面面积更大，容易熟透也更有口感。

◎ 切丝

斜着切成薄片后，一点点摞起来摆好，从一端开始细细地切丝。如果切的宽幅为 5 mm 的话，就变成了略粗的丝。

◎ 用削皮器薄薄地削

把削皮器竖着径直向下拉，削成薄薄的带状。这样容易熟透，而且因为残留纤维，还可以享受到坚实的口感。

◎ 在水中浸泡

切后如果就那么放着，切口会变色，所以一切完就要放入水中（上图），水会渐渐变成茶色（下图）。长时间浸泡也会损失其风味，所以标准浸泡时间约为 5 分钟。把浸泡的水倒掉，过水清洗。

◎ 擦干水分

在水中浸泡后，放到漏网上，控去水分。用油烧或炒的时候，还要再盖上厨房纸巾，轻抓几下拭去水分。

◎ 切片

横着放置，菜刀放在莲藕的正上方，径直地向下切，断面为圆形，这样更容易切得薄厚均匀。

◎ 切成半圆形

竖着切成两半，横着放置，从一端开始切。或者先切成片，再把断面切成两半。

◎ 在水中浸泡

把莲藕放入刚刚浸过的水中，放置约5分钟，莲藕就会变得洁白。要注意不可长时间浸泡，那样会损失它的风味。

◎ 控水

把水倒掉，冲洗后放到漏网上，控去水分。用油烧或炒时，要用厨房纸巾擦干水分。

【山药】

山药可以生吃，处理起来也很简单，让我很喜欢。
我们熟悉的品种有长山药和大和山药。
长山药水分较多，口感爽脆（类似中国的水山药）。
大和山药黏性强，适合做山药泥。大和山药因地域不同叫法也不同
（类似中国的铁棍山药）。

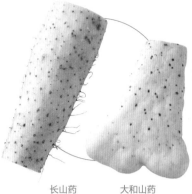

长山药　　　大和山药

◎ 去皮

用削皮器竖着向下拉即可削去皮。
如果不好拿，就放到菜板上削。

◎ 擦成泥

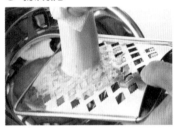

为了防止手滑，用厨房纸巾包住一
端拿住，垂直地抵住擦丝器，画着
圆摩擦。

◎ 拍碎

把山药装入塑料袋中，用木铲子等
把它拍开、拍碎。装入袋子可以不
让碎屑飞溅。因为还残留小块，吃
起来爽脆多汁。

◎ 切丝

把厨房纸巾折一下，在水中浸湿，
拧一下展开，铺在菜板上。这样做
不容易滑。

↓

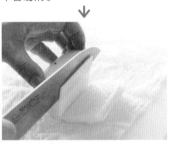

切成 5~6 cm 长，沿着纤维的方
向切薄片。

↓

一点点码起来摆好。

↓

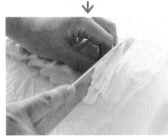

从一端开始细细地切丝。

试着做吧

酱油芥末山药

用料（2 人份）
长山药 200 g、芥末约四分之
一小匙、酱油半大匙

1　把长山药用削皮器去皮，
切成丝。
2　把长山药装入容器，放上
芥末，浇上酱油。

1 人份含 209 kJ
烹饪时间 5 分钟

　Q 山药（山芋）和芋头（里芋），日语名字很相似，它们是同类吗？

【芋头】

芋头口感黏滑，有独特的黏液。
准备处理的要点是恰到好处地去除黏液。
这样更容易处理，也更容易入味。

第
2
堂
课

不
再
迷
惑
！
食
材
的
准
备
处
理

◎ 清洗

在盆中加入水，放入芋头润湿表面的土，用毛刷仔细擦洗干净。

◎ 切掉上下两端

用菜刀在距离上下两端 5~6 mm 的地方下刀，切掉两端。

◎ 加盐揉搓

把芋头放入盆里，撒上盐（左图）。均匀地撒满全体，一颗颗握着揉搓约 30 秒（右图）。用盐揉搓，芋头的黏液就会出来。

◎ 晾干

放在漏网上，放在通风好的地方晾干。

◎ 剥皮

从上面的切口开始竖着剥皮。削的幅度尽量一致，分 6~8 次削完全部，出来的形状比较漂亮。

◎ 洗

向加盐揉搓过的芋头里注入足量的水，大力搅拌、冲洗。

◎ 拭去水分

用厨房纸巾包住一到两颗芋头擦干表面的水分，同时去掉它的黏液。

去皮的时候，
也要先好好地清洗并晾干

带着土给芋头削皮的话，手会被土弄脏，里面的白色部分也会被摸成黑乎乎的。而且，如果湿着削皮的话，黏液出来会使手很滑，不容易处理。把芋头清洗干净、晾干之后再削皮吧。

【生姜】

生姜具有清爽的香气和强烈的辣味。因为它的纤维很粗，要尽量切细些，这样入口的感觉能好些。
它可被用作佐料，或为各种各样的料理增添风味。

◎ 刮皮

生姜的皮里含有丰富的香味成分，因此，不要用菜刀来剥皮，要用汤勺把表面的皮薄薄地刮去一层。

◎ 擦碎

让纤维方向垂直地抵住擦丝器，以画圆的方式擦碎。

◎ 切成薄片

从一端开始薄薄地切片。想让香气更强烈地释放，就顺着与纤维成直角的方向切，想更好地享受口感，就沿着纤维的方向切即可。

◎ 切丝

沿着纤维的方向切薄片，掉转方向把纤维方向竖过来，一点点摞起来摆好，从一端开始细细地切丝。

◎ 切末

把切成丝的姜掉转方向横着放置，从一端开始细细地切成末。

◎ 在水中浸泡

用作佐料等生着吃的时候，在水中浸泡后可缓和刺激的辛辣味，更能品味姜的风味。把切好的生姜放到足量的水中，放置约 20 分钟后，控干水分。

【大蒜】

它独特的气味和辛辣味在加热后会得到缓和，变成一种能勾起人食欲的香气。是中式料理和意大利料理中不可缺少的香料。
如果掌握了诀窍，切末其实很简单。

◎ 去芯

竖着切成两半，用菜刀的刀刃根部抵住蒜芯的根部把它切除。芯也可以吃，但因为它容易变焦还是去掉为好。

◎ 拍碎

用木铲按住大蒜，用手使劲按压把它压碎。这样做是因为纤维被破坏后，蒜的风味更容易散发出来，更能品味它独特的口感。

◎ 切薄片

竖着切成两半，去掉中间的芯，让切口向下，从一端开始薄薄地切片。这样做是因为纤维被切断后，香气能很好地散发出来。有时也顺着纤维的方向来切。

Q 虽然我很喜欢大蒜的味道，但是也有人不喜欢。怎样能使料理只微微带点儿蒜香味呢?

【葱·小葱】

白白的葱又叫长葱、白葱、大葱。
它风味极佳，加热后能产生甜味。
细细的通体绿色的小葱，香气馥郁，常被切碎了用作佐料。
让我们来学习适合各种不同用途的切法吧。

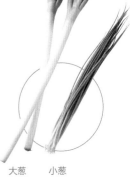

大葱　小葱

● 切末

沿着纤维的方向打上细细的花刀，根部不要切断，连在一起。

↓

把菜刀呈水平方向片上 3~4 刀。

转变方向使纤维方向横过来，把菜刀呈水平方向片上 3~4 刀。

↓

从一端开始细细地切。根处横竖切一下把它切碎。

● 切粗末

切法与切末方法相同，只是把切的幅度增加到 4~5 mm。这样切出来更有嚼劲，风味也更明显。

● 斜切

斜着入刀来切。以一定角度切使断面切成椭圆形，容易熟透，也更好吃。这种切法适用于炒菜等。

● 竖着剖开，斜着切薄片

竖着切成两半后，斜着薄薄地切片。因为纤维被斜着切断了，很容易变软，嚼劲也恰到好处。这种切法适用于佐料或炒菜等。

● 细细地横切

从一端起切成 1~2 mm 宽。通过细细地横切，可以使风味更好地扩散。这种切法适用于做佐料时。

● 切碎末

斜着细细地打入花刀。上下掉转方向后从反面也打入花刀。

↓

与纤维方向形成直角切薄片，从一端细细地切。

● 在水中浸泡

做佐料等需要生吃的时候，在水中浸泡一下可以去掉辣味，变得更好吃。在足量的水中浸泡大约 20 分钟，控去水分。

 在做沙拉等料理的时候，把切开口的大蒜切面在用来拌沙拉的盆里蹭几下，就可以带点儿微微的蒜香味了。

【 香菇 】

香气浓郁、鲜味十足。
把大大的菌帽切成薄片，可以品尝到
更爽滑的口感。
为了充分发挥它的风味，可以不用水
洗、直接使用。
其他的蘑菇也是这样。

◎ 擦去污垢

用厨房纸巾擦去表面的污垢。菌
帽部分很柔软，所以要轻轻地细
心擦拭。

会失败！

用水洗的话，有损风味，味道会变
得寡淡。

◎ 去掉菌柄头

把菌柄下面的坚硬部分（菌柄头）
切掉。

◎ 把菌柄取下

捏着菌柄，慢慢用力向下拉，把菌
柄取下。

◎ 撕开菌柄

菌柄很硬，筋又很多，所以用手
撕开会比较好吃。做不用菌柄的
料理时，把它撕开放到味噌汤里
就行了。

◎ 切薄片

把菌帽部分从一端开始切成薄厚均
匀的薄片。因为容易熟透，适用于
炒菜、汤菜等。

【 蟹味菇 】

蟹味菇没什么异味，可以和许多食
材搭配使用。
准备处理的关键是"菌柄头"和
"小朵"。
这是菌类料理的基础。

◎ 去掉菌柄头

把根部略微有些坚硬、紧缩的部分
（菌柄头）用菜刀切掉。

◎ 分成小朵

用手将每2~3支分成一小朵，或根
据不同的料理分成合适的大小。

【 金针菇 】

有隐约的甜味、香气和鲜味，能品
尝到筋道的口感。
切掉根部，切成料理中
合适的长度后使用即可。

◎ 切掉根部

把根部带有锯屑的部分切掉。把紧
挨在一起的菌柄拆开。

Q 蘑菇可以冷冻，是真的吗？

【豆芽】

豆芽的魅力在于它咯吱咯吱的爽脆口感。

在水中浸泡后再使用，口味会变得很清爽。

须根并不会发出特别的异味，所以不必一根根地去掉。

◉ 浸水

放入足量的水中，放置 4~5 分钟。这样脏东西会浮上来，不容易出现异味。

◉ 放到漏网上

用手一点点捞起来放到漏网上，这样一来，就可以把沉在盆底的细小的须根、豆壳等杂物去掉了。

【水菜】

没有异味、口味清淡、有爽脆的口感。

做沙拉等生吃的料理时，在水中浸泡一下。

◉ 在冷水中浸泡

放入足量的冷水中，浸泡约 20 分钟。吸收水分后会变得更挺括。

【欧芹】

在制作西式料理时常常会添加欧芹。

它既可以增色，又可以添加清爽的香气。

让我们一起学习把它切成碎末的要领吧。

◉ 切碎末

在菜板上铺上厨房纸巾，把欧芹的枝杈收拢一下，把叶子整束到一起用手按着，从一端开始细细地切。

【青紫苏】

有清爽香气的青紫苏，是日式料理增添香味时不可缺少的调料。

摞起来卷一下，切丝也变得很简单。

◉ 切丝

在菜板上铺上厨房纸巾，把青紫苏的柄切掉，竖着切成两半。摞起来卷成卷儿，从一端开始细细地切成丝。

◉ 浸水

放入足量的水中，浸泡约 20 分钟，去掉水分后使用。浸泡可以去掉涩味，也可使摞在一起的青紫苏丝更容易分开。

两种以上的香味蔬菜放在一起浸泡也可以

洋葱、葱、生姜、青紫苏等香味蔬菜，2~3 种一起使用，香味会更浓郁，一起放在水中浸泡也没关系。只是，浸泡时间过长的话，辣味或涩味强的食材有可能会折损其他食材的风味。一般浸泡20分钟左右即可。

 是真的，使用时可以不解冻就直接炒或者做汤，不过要把菌柄头等不能吃的部分去掉后再冷冻。

肉类的准备处理

肉类常被做成主菜。做出美味料理的第一步在于准备处理。虽然不需要很难的技术，但是我们要学会根据肉类的不同部位及不同的料理来进行合适的准备处理。

鸡肉：

鸡肉由于部位的不同，形状、风味、口感等也各异。
按照不同部位的特征来做准备处理，可以充分发挥其特有的风味。
因为鸡肉含水分多、容易腐烂，我们要使用新鲜的。

【鸡腿肉】

从鸡爪到腿根的部分，一般是去掉骨头后切开使用。因为是经常运动的部位，肉质紧实，筋和脂肪较多，味道醇厚。适用于做油炸类或红烧类料理。

◉ 除去多余的脂肪

因为鸡腿肉脂肪较多，要把脂肪去掉。把皮和肉之间的脂肪拉出来，用菜刀削掉。可以不全部去掉。

↓

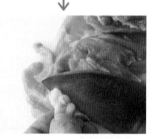

把皮朝下放置，捏住肉上的脂肪把它片下来切掉。去掉脂肪后味道会变得清淡，调味料也更容易渗入。

◉ 打入花刀

按肉的纤维方向横着放置，在白色筋多的地方间隔 1 cm 打上浅浅的花刀。这样不容易弯曲变形，也更容易熟透。

◉ 切成 6 等份

把皮朝下竖长地放置，竖着切成两半。把每一半横过来放置，切成 3 等份。这是既保持筋道口感，又易于熟透的大小。

◉ 入味

摆放在方形盘中，从稍高处向下均匀地撒上盐、胡椒等。反过来另一面也撒上。

◉ 裹上面粉

在两面都涂满面粉，用手轻轻拍打，去掉多余的面粉，只沾上薄薄的一层。这样可以锁住水分和鲜味，也比较容易挂住汤汁。

Q 鸡腿肉的脂肪，哪些是多余的？去掉太多会不会干乎乎地发柴？

【鸡胸肉】

鸡胸部的肉。因为是不怎么运动的部位，肉质很柔软。颜色呈淡粉色，与鸡腿肉相比脂肪更少，质量上乘，口味清淡。适用于煎、炒、蒸制。

【鸡脯肉】

鸡胸肉内侧的一个部分，形状像一种细竹的叶子。脂肪较少，肉色较淡，口味清淡。是鸡肉中最柔软的部位，适用于煎制或蒸制。

◉ 恢复至常温

鸡腿肉和鸡胸肉都有一定厚度，不容易熟透，所以要在烹调前约20分钟就从冰箱里拿出来使它恢复到常温。

◉ 竖着切成两半

有厚度的鸡胸肉竖着切成两半后，就比较容易熟透了。如果用在炒菜中的话，还要再片着切一下。

◉ 片切

把菜刀放平，斜着入刀，用手按着内侧，把肉片着切下来。

◉ 去筋

把鸡脯肉上白色的筋的一端用手捏住，用厨用剪刀沿着筋和肉的分界线一点点地剪开。

↓

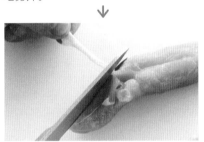

到筋变细的时候，把它从根部剪下。去掉筋后加热时，肉不容易缩紧，做完后会很软。

◉ 抹油

在脂肪较少的鸡脯肉上洒上油（左图）。用手轻轻揉搓，使油均匀地涂满全体（右图）。因为锁住了肉中的水分，可以防止它变干发柴，从而产生醇厚的风味，变得更柔软。

 有点发黄的地方是脂肪。显眼的地方，能摘除的都尽量去掉。因为鸡腿肉含脂肪很多，去掉后也不会变干发柴。

【 鸡翅根 · 鸡翅尖 】

鸡的翅膀部分称为鸡翅，靠近根部处称为鸡翅根，尖端处称为鸡翅尖。

鸡翅根脂肪稍少些，肉质柔软、口味清淡。

鸡翅尖脂肪和胶质较多，有醇厚感，口味浓厚。

鸡翅尖去掉尖的部分，又被称为鸡翅中。

鸡翅根

鸡翅尖

◎ 用冷水清洗

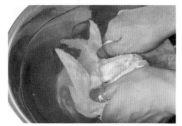

鸡翅根和鸡翅尖有从骨头处渗出血的情况，所以要把它放到足量的冷水中轻搓表面，麻利地清洗一下。再控去水分，用厨房纸巾擦干。

◎ 打上切口

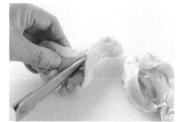

鸡翅根

较粗的一端朝内侧放置，用厨用剪刀沿着骨头剪开到全长的约三分之二处。这样加热时更容易熟透。

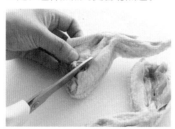

鸡翅尖

把皮厚的一面朝下放置，用厨用剪刀沿着骨头剪开到关节部位。这样加热时更容易熟透，而且吃起来更方便。

【 肝 】

鸡的肝与猪或牛的相比异味较少，更柔软。在冷水或牛奶中浸泡一下，去掉血和脏东西后再烹调的话，不容易出现肝特有的异味。

事先处理

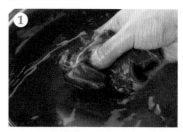

放入足量的水中，迅速洗掉表面的污垢。

在盆中加入冷水，放入肝后浸泡约20分钟。通过降低肝的温度可以保持它的鲜度。

控去肝上的水分，捏着黄色的脂肪和筋，把它们切掉。

把菜刀放平，朝内侧用力把它片成能一口吃下的大小（或者按照菜谱来切）。

Q 肉类只洗一下就可以吗？很油腻的时候要用洗洁精吗？

【鸡胗】

鸡胗是鸡胃部的肌肉，又叫作鸡肫、鸡胃。为了把吃到的食物磨碎，这里的肌肉很发达，吃起来口感咯吱咯吱的，很有嚼劲。几乎没有脂肪，在内脏类中是腥味和怪味比较少的。

事先处理

① 把鸡胗横着放置，把两端的白色部分去掉。

② 把半球状的鸡胗从一端切成两半。

3

把红色肌肉上残留的白色部分片去，另一半也同样处理。

⑤ 切口处如果有黑色的血块，用菜刀的尖去掉。去掉多余的脂肪和血块后，不容易出现怪味。

⑥ 把肝放入盆中，注入牛奶，放入冰箱冷藏约 10 分钟。牛奶可以在保留肝的美味的同时吸收血和杂质等。

7 每次取出 2~3 块，用厨房纸巾仔细地擦去上面的牛奶汁。

④ 把红色部分一端的硬东西去掉。

 带骨头的肉有血的情形较多，所以要用冷水迅速清洗；切成块的肉只拭去水分就可以了，不要使用洗洁精。

猪肉：

味道鲜美、价格适中的猪肉，是我们每天做菜的主力食材。
如果是切好的肉片，预先准备就很简单。
我们要根据料理来选择部位和厚度合适的猪肉。

【 肉片·细切肉 】

指为了统一肉的形状而切下来的边角料
切片后混装在一起的肉片。
多个不同部位的肉混合在一起的情况居
多，肉质、厚度、口感等都不均一，但
是它价格低，经济实惠。适用于烧菜、
炒菜等。

【 五花肉 】

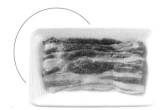

薄肉片

是从肋骨到腰部附近的、腹部两侧的
肉。因为脂肪和瘦肉是分层的，也叫作
"三层肉"。脂肪较多，有醇厚的口感
和风味。用它切成的薄肉片厚度为2~
3 mm，适合做炒菜。

【 里脊肉 】

猪排用肉

是后背中央部位的肉。纹理细腻、肉质
柔软的瘦肉外侧带有适当的脂肪。"猪
排用肉"就是被切成1 cm厚的大肉片，
除炸猪排外，还可以做西式香煎猪排。

【 肩部里脊肉 】

薄肉片

肉块

涮肉用肉卷

靠近肩部的后背部分的肉。
在瘦肉中混杂着粗粗的网状脂肪。
纹理略粗、略硬，口感醇厚，口味浓
郁。肉块适用于煮、炖的时候。
肉片则可用于烧菜、炒菜、煮菜等，用途
广泛。
涮肉用肉卷则用于火锅或沙拉等。

◯ 擦干水分

当肉的表面被浸湿，或者把装肉的方
形盘倾斜时会有红色液体积存的时
候，用厨房纸巾按上去把水分去掉。

◯ 敲打

对于较厚的肉，用菜刀的刀背（刀
刃的反面一侧）将两面各敲打
20~30次。这样肉的筋被敲断，烧
时不容易反翘变形，熟后会更柔软。

◯ 切成 5~6 cm 长

把已经切成薄片的肉，按纤维方向
横着放置，从一端起切成5~6 cm
长，将肉片摞在一起切即可。

◯ 切成 5 mm 宽

将肉按纤维方向横着放置，从一端
开始切成5 mm宽。这种切法适用
于炒菜、把五花肉混入肉馅等。

 肉腌制一下会更好吃，是真的吗？自己能操作吗？

牛肉：

牛肉有独特的鲜味和风味。
和其他肉相比价格较高，但是如果使用性价比高的"碎肉切片"，即使是初次做，也可以体会到"很轻松就能做出美味佳肴"的心情。
常见的基本料理有土豆烧牛肉和炒菜等。

抹盐

在肉块上撒上盐，用手涂满每块肉。适用于要切实入味或要去除多余水分的时候。

抹油

肉块上抹过盐后，倒上油涂满各处，这样做出来的肉水分充足、口感醇厚，适用于煮肉等。

撒面粉

在猪肉上撒上面粉，用手涂抹均匀。这样可以防止肉变柴，调味料也更容易挂住。

撒淀粉

在猪肉上撒上淀粉，用手涂抹均匀。这样可使口感润滑，容易挂住汤汁。

【碎肉切片】

指为了统一形状而切下的边角料切成的肉片。形状大小各异的肉混杂在一起。内装肉所属部位等的标志因店而异，也时常有高级部位的肉。适用于所有用肉片的料理。

入底味

做日式炖菜或炒菜时，用砂糖和酱油入底味的情况居多。首先撒上砂糖，揉搓并涂抹均匀。

↓

先加入砂糖更容易浸透。砂糖吸收后，加入酱油揉搓入味。

"细切肉"和"碎肉切片"的意思是一样的

细切肉和碎肉切片都是把切下的碎肉混合装入方形盘而成的。两种名称的意思是一样的，但一般猪肉被称为"细切肉"，而牛肉被称为"碎肉切片"的情况居多。选择的时候，需要确认白色脂肪含量。猪肉和牛肉都是脂肪多则口味醇厚，瘦肉多则口味清淡。就根据自己的喜好和制作的料理来判断吧。

肉馅:

肉馅是把切下来的碎肉或由各个部位的肉混合在一起绞碎构成的。由于与空气的接触面积增大，容易腐坏，所以一定要选择新鲜的肉馅，并尽早用完。

【猪肉馅】

是把猪肉细细绞碎后做成的。颜色偏白色的脂肪较多，口感醇厚；偏红色的脂肪较少、口感清淡。是做饺子、烧卖等中式料理时不可缺少的原料。

【鸡肉馅】

是把鸡肉和皮等部分合在一起细细绞碎后做成的。怪味较少，使用时要充分发挥其鲜味。我们常见的有鸡肉丸子、鸡肉松、鸡肉贡丸等料理。

【牛肉馅】

是把牛肉细细地绞碎做成的，有牛肉独特的鲜味。因为可能包含需要长时间煮才好吃的部位，适用于炖菜类。

【混合肉馅】

把多种肉混合绞碎做成的，牛肉和猪肉混合的肉馅一般比较常见。虽然不同商店的各有不同，但一般按牛肉7成、猪肉3成的比例混合的居多。充分发挥了牛肉和猪肉的特长，常用于制作汉堡等。

也可以按自己喜好的比例制作混合肉馅，代替市售的混合肉馅

让我们把牛肉馅和猪肉馅按自己喜好的比例混合，享受自家风格的混合肉馅吧。如果牛肉比例较大，牛肉的强劲口感得到发挥，能产生比较有冲击力的美味；如果猪肉比例较大，肉馅口感更柔和，颜色发白，口味相对清淡。

Q 据说肉馅容易腐坏，它能保存多长时间呢？

拌肉馅的方法

❶

把肉馅和材料放入盆中，把手张开大力抓握肉馅粗粗地搅拌。

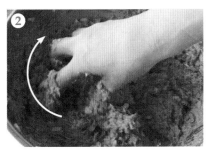

❷

大致拌匀后，依旧张着手按画圆的方式保持一个方向旋转搅拌。

3

搅拌到肉馅产生了黏性，聚集在一起成为一团时就可以了。

变化自在的肉馅 可以做成各种各样的肉馅

在肉末中加入提香的食材、调味料、增加黏性的淀粉或面粉等混合搅拌成肉馅。根据所加入的食材不同，可以把它做成汉堡、烧卖、肉丸子等日式、西式、中式肉馅料理。做各式料理时搅拌的重点都是共通的。掌握了拌肉馅的诀窍，可以让我们的拿手菜倍增哦。

汉堡

在混合肉馅中，加入洋葱末、碎面包屑（或面包粉）、鸡蛋、调味料后，充分搅拌均匀（参照第110页）。

烧卖

在猪肉馅中加入洋葱末、调味料后，充分搅拌均匀（参照第82页）。

肉丸子

在鸡肉馅中加入鸡蛋、面粉、盐后，充分搅拌均匀（参照第146页）。

鱼贝类的准备处理

鱼贝类的准备处理工作常给初学者一种很难的印象。但只要认真地逐一掌握了各种操作要领，就不易出现异味，能够做出美味的鱼类料理。

鱼块：

鱼块是把大型的鱼切成了方便使用的大小。
因为已经做过了预先处理，使用起来简单方便。鱼的肉质有透明感、有弹性的是新鲜的。
我们要避免选择装鱼的盘子中有液体积存的那种。

【生三文鱼】

正如"粉红三文鱼"的名字所说的那样，鲜艳的肉身颜色是它的特征。种类有阿拉斯加三文鱼（大马哈鱼）、银三文鱼、红三文鱼、帝王鲑、大西洋三文鱼（大西洋鲑、挪威三文鱼，见图）等。

【生鳕鱼】

汉字写作"鳕"，代表冬季的白身鱼。一般情况下，说"鳕鱼"是指真鳕鱼。"生鳕鱼"是与用盐腌过的"咸鳕鱼"相区别的叫法。

【鲷鱼】

肉质较白，无异味，口味清淡，是白身鱼的代表。一般情况下所说的"鲷鱼"是指真鲷鱼。因为其日语发音与"可喜可贺"的发音相近，是庆祝宴席上不可缺少的鱼类料理。

【银鳕鱼】

属于银鳕鱼科的一种鱼，但并非鳕鱼。是生活在北太平洋深海中的大型鱼，一般切成鱼块冷冻，比鳕鱼脂肪更多。

【旗鱼】

俗称"旗鱼金枪鱼"，但并非金枪鱼的一种。真旗鱼、目旗鱼（见图）是常见的品种，淡粉色的目旗鱼价格适中。脂肪较多、肉质柔软是它的特征。

购买时，不要弄错生三文鱼和咸三文鱼

在店面里摆放的三文鱼，有生三文鱼和咸三文鱼两种。咸三文鱼因为有底味，只烤一下就可以吃了。如果在应使用生三文鱼的料理中，使用咸三文鱼的话就会变得太咸，一定要注意！生鳕鱼和咸鳕鱼也是一样的。

Q 同样是鱼块，为什么有的有骨头、有的没骨头呢？

【鰤鱼】

随着不同成长时期而变换名称的"发迹鱼"。属于竹荚鱼科，是分布于日本各地沿岸的洄游鱼。冬季捕到的带有脂肪的"鰤鱼"被称为"冬鰤鱼"。

【鲭鱼】

种类有在日本沿岸可以捕到的真鲭鱼、胡麻鲭鱼以及从挪威进口的大西洋鲭鱼（见图）。因为新鲜度下降得很快，要选择新鲜的并尽早吃掉。

◎ 用水清洗

鲭鱼、鰤鱼等容易出异味的鱼，以及旗鱼等解冻后的鱼，用水清洗后口味会变清淡。把鱼放入水中轻轻擦洗表面（左图），取出后再用厨房纸巾擦去水分（右图）。

◎ 切

买来的鱼块，皮向上放置，切起来会更容易。

◎ 打花刀

皮向上放置，在肉质厚的部分打入1~2刀花刀。这样更容易熟透，外观也更好看。

◎ 撒盐

把鱼块码在方形盘中，从略高的地方向下均匀地撒上盐。放置一会儿后，能去掉多余的水分，也不易出现异味。

◎ 洒酒

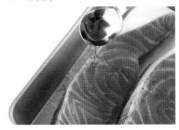

撒盐后再洒上酒，更不易出现异味，且能提升鱼的风味。做西式料理的话，使用白葡萄酒的时候居多。

◎ 擦干水分

撒过盐和酒之后，用厨房纸巾仔细擦干表面的水分。

◎ 裹面粉

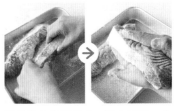

把鱼放入方形盘中，撒上面粉。上下颠倒两面都裹上，侧面也要裹上面粉（左图）。轻轻拍打抖落多余的面粉，使全体薄薄地挂上一层（右图）。适用于法式黄油烤鱼或煎鱼等。

A 这会因鱼的大小、分割方法、切法的不同而不同。如果想要没有骨头的鱼块，可以问问卖场人员。

【竹荚鱼】

一般说起竹荚鱼，指的是宽竹荚鱼。特征是身体的侧面有尖锐的刺状鱼鳞。靠近尾部的刺状鱼鳞又硬又尖，必须除去后再烹饪。

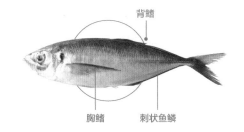

背鳍

胸鳍　　刺状鱼鳞

○ 去掉刺状鱼鳞

在菜板上铺上报纸等，如果有鱼鳞，用菜刀刮去。去除尾部附近的刺状鱼鳞时，把菜刀放平，抵在鱼尾的根部，前后移动着把它片掉。

○ 切掉头部

把菜刀斜着从胸鳍根部切入，把头部切掉。因菜式不同有时也要把尾部切掉。

○ 去除内脏

从头部的切口到肛门附近，在鱼的腹部划一刀（左图）。用菜刀尖把内脏掏出来（右图）。如果把内脏弄破了会出现异味，所以掏时要注意。去掉的头部和内脏等，用报纸包起来扔掉。

○ 清洗

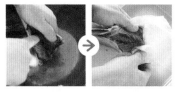

把鱼放入足量的水中，用手指轻轻擦洗鱼腹内部，去掉血块等（左图）。最后用流水大力冲洗，再用厨房纸巾拭干表面水分（右图）。

○ 撒盐

把鱼放入方形盘中，两面撒上盐（左图）。盐从稍微高一些的地方撒下来，这样更容易均匀地沾在鱼上，放置 20 分钟（右图）。

○ 拭干水分

用厨房纸巾擦干表面的水分。擦去水分的同时也能去掉鱼的异味。

切开背部

1

把竹荚鱼尾部的刺状鱼鳞和头部去掉，鱼背朝自己一侧放置。把菜刀放平，从头部开始经背鳍上方划入一刀。

2

沿着刚才的刀口继续进刀，一点点向里扩展着切，遇到脊骨时，刀贴着脊骨的上方朝尾部切开。

3

用厨房纸巾包住内脏取出。再用厨房纸巾把残留的血块等擦出来。

4

和 2 同样，先划入一刀，再继续向里扩展开切，把鱼身体切开。

 竹荚鱼和秋刀鱼，虽然很喜欢吃，但是自己处理太麻烦！有谁能帮忙事先处理吗？

【秋刀鱼】

日语汉字写作"秋太刀"，从夏到秋是它上市的旺季。鱼鳞在捕捞上船时就已经被去掉了，所以基本没有鱼鳞。新鲜的秋刀鱼用盐烤制时，可以不去掉头和内脏直接烹调。

胸鳍

5

将皮朝下放置，用厨用剪刀从尾根部把脊骨剪掉。鱼身体中央的坚硬部分用厨用剪刀剪掉。

6

把菜刀从腹骨的下面斜着切入，薄薄地片掉一层以去掉腹骨。将尾部朝向自己一侧，把另一侧的腹骨也去掉。

7

用手指循着脊骨的印迹摸索，把残留的小鱼刺用拔刺夹拔掉。没有拔刺夹的话，用手指捏着拔出。

大功告成！

◎ 切掉头部

在菜板上铺上报纸，把秋刀鱼放在上面，从胸鳍的下面斜着入刀，把头切掉。

◎ 横切成段

把鱼身切成3等份。因为是把鱼带着骨头和内脏切成了筒状，这种切法被称为"筒切"。

◎ 去掉内脏

从切口处插入手指或一次性筷子，把内脏推出来去掉。把内脏和头部用下面铺的报纸包上扔掉。

◎ 清洗

在足量的水中清洗。把手指伸到鱼腹部去除残留的血块等，最后用流水大力冲洗。

◎ 擦干水分

用厨房纸巾彻底擦干水分。

【墨鱼】

墨鱼的种类丰富。最大众化的、渔获量最多的也是墨鱼（见图）。墨鱼在鱼贝类中也是容易操作的食材。让我们记住操作顺序和要诀，变身墨鱼烹饪达人吧。

○ 去掉内脏

把手指伸入墨鱼的躯体内，小心地剥离内脏（左图）。捏着触角根部，径直拉出内脏去除（右图）。

○ 去掉嘴

在触角中间竖着切一刀打开（左图），把坚硬的嘴部拉出切掉（右图）。

○ 切分墨鱼须

把墨鱼须每两根一组切开。根据料理切成合适的长度。

○ 除去软骨

把躯体内侧的软骨拉出去掉。

○ 除去吸盘

把触角上的大吸盘用厨用剪刀去除。

○ 打花刀

躯体不切开加热时，把躯体横着放置，竖着间隔8 mm打浅浅的花刀。这样做可以使墨鱼容易熟透，而且不容易收缩。

○ 切掉触角（须）

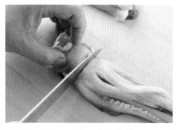

要使用墨鱼肠时，从根部切开，从眼睛下面入刀把触角切掉。

○ 清洗

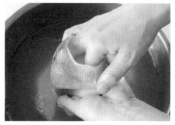

在足量的水中清洗。把手指伸入躯体中除去残留的内脏。用流水冲洗，并用厨房纸巾拭干水分。

○ 切成圈

把躯体横着放置，从一端开始切成约1.5 cm宽。这样既容易熟透，吃起来又方便。这种切法适用于各种料理。

Q 在墨鱼的触角中，只有两根是长的，那是手吗？

【虾】

草虾、南美白虾等是常见的品种。一般是将容易腐败的头部去掉后冷冻起来。仔细清洗去掉污垢后，口味会变得很清爽。

草虾　　　南美白虾

◎ 清理墨鱼肠

使用墨鱼肠时，用手拉着肠末梢连着的内脏，将其去掉。

拉起墨袋（黑色筋状物）的一端去掉，并小心不要破损。

◎ 剥壳

用拇指一节一节地将壳剥离去掉。要保留尾部的壳时，应从连接着尾部的那节开始剥起；要全部剥掉时，可从头开始剥起，最后只剩尾部时轻轻一拉就去掉了。

◎ 背部切口

把菜刀放平，在背部划上一刀。这样更容易熟透，背上切开后会显得更大。

◎ 去除虾线

在背上切口后，如果有虾线（黑色的筋），用菜刀尖拉出来去掉。虾仁没有虾线的情况居多。

◎ 用淀粉和盐清洗

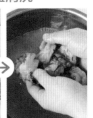

把虾放入盆中，撒上淀粉和盐后放置大约1分钟后揉搓。淀粉吸收虾的污物后会变黑（左图），再注入水迅速清洗（右图）。最后用流水冲洗，控去水分。

◎ 擦干水分

把清洗过的虾包在厨房纸巾中，擦干水分。

【生鱼片 / 刺身】

"削切法"是朝内侧片着切，因为切口面积大，适用于生牛肉片和手握寿司等。

"平切法"是生鱼片的正统切法，虽然应该径直向下切，但是略微倾斜一点的话，长度增加，装盘时能更漂亮。

金枪鱼

鲷鱼

削切法

金枪鱼

1 把菜刀放平，刀刃放在左侧（左撇子在右侧），斜着入刀，另一只手的手指头轻轻地按着鱼肉。

2 把菜刀慢慢朝内侧拉，斜着向前推进着片切。

3 从用刀根部切一直滑动到用刀尖部切。

4 让鱼片倒向左侧，放在菜板的一端。这样切口朝上装盘看起来更漂亮。

鲷鱼

带皮的一面朝下，肉质厚的一侧朝外放置。和切金枪鱼时一样，把刀刃根部放在鱼肉上向前拉着片切。

煮章鱼须

把章鱼须较粗的部分朝向内侧，切口朝左侧（左撇子朝右侧）放置，把菜刀放平，斜着片切。

 每切一次擦一次菜刀

切生鱼片时，准备一块用水浸湿的抹布，每切一次擦拭一下菜刀的两面。让菜刀一直保持干净的状态来切，不但好切，而且切口看起来更美观。

平切法

金枪鱼

1 从右端（左撇子从左端）开始在1 cm左右的地方用刀刃轻轻地放上去做个印记。

2 拿起菜刀使它垂直，把刀刃根部放在刚才的印记上开始切。

3 把菜刀朝内侧拉，从用刀根部到用刀尖部慢慢滑动着切。

4 用菜刀把切好的鱼片挪到右侧。

  Q 切金枪鱼鱼片时，切得一塌糊涂了……该怎么端上餐桌呢？

【蛤蜊】

生活在浅海底部或海滩上的蛤蜊，要让它把壳里的沙子都吐出来，去除干净后再烹调。
即使有"沙子去除完毕"的产品标志，也要再去一遍沙子才更安心。

【金枪鱼罐头】

把金枪鱼或柴鱼用橄榄油腌制做成的罐头。
因为没有骨头和皮，是十分方便使用的食材。形状上可以分为块状、一口大小、小薄片等。烹调方法上除油腌外，还有煮汤等。

鲷鱼

让带皮的一面朝上，肉质厚的一端朝外放置。和切金枪鱼一样，从右端（左撇子从左端）垂直地切。

试着做吧

生鱼片拼盘

用料（2 人份）
金枪鱼（瘦肉、生鱼片用的鱼块）100 g，鲷鱼（生鱼片用的鱼块）100 g，萝卜（切丝）50 g，青紫苏 2 枚，芥末适量

1 把萝卜在水中浸泡大约 20 分钟使它更水灵。放到漏网上控水，用厨房纸巾擦干水分。
2 把金枪鱼和鲷鱼分别用平切法切好。
3 把 1 高高地堆放在盘中，加上青紫苏叶，把 2 挨着摆到盘中，加上芥末。

1 人份含 712 kJ
烹饪时间 10 分钟
＊不包含萝卜在水中浸泡的 20 分钟。

◉ **去除沙子**

在方形盘中配制浓度与海水相当的盐水（约 3%，1 杯水里加入 1 小匙盐的比例），把蛤蜊摆放到里面。用报纸等盖上，放入冰箱中，放置 30 分钟以上。

◉ **搓洗**

去除过沙子的蛤蜊，倒掉盐水，放入清水中，让壳和壳互相摩擦、仔细搓洗，控掉水分。

◉ **倒掉罐头汁**

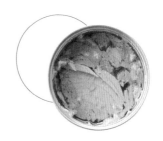

拉开金枪鱼罐头的盖子，用盖子挡着里面的鱼肉把罐头汁倒掉。依料理的不同，有的要使用罐头汁。

◉ **拆开**

把金枪鱼罐头倒入盆中，用叉子的背按着粗粗地拆开。如果是薄片型的罐头，不拆开也可以。

豆腐与豆制品的准备处理

在豆腐中能品尝到大豆柔和的鲜味。它的种类很多，我们常见的是卤水豆腐和嫩豆腐。油炸后制成的炸豆腐，能让我们享受到与豆腐不同的口感。

【 豆腐 】

卤水豆腐是一边除去水分一边加固成型的，所以大豆的味道更浓，与嫩豆腐相比，它的特征是不易破碎。

嫩豆腐质地柔软，口感嫩滑。

我们可以根据用途或者自己的喜好来选择。两者的准备处理方法是相同的。

准备处理的重点是切时不破坏形状以及去除水分。

卤水豆腐　　　　　　　　嫩豆腐

◉ 轻轻擦干水分

将厨房纸巾展开，把豆腐放在上面，用纸巾把豆腐包起来，轻轻除去表面的水分。此法适用于制作凉拌豆腐。

◉ 铺上纸巾切

把豆腐放在厨房纸巾上切。这样更易于把切好的豆腐托起，而且从切口渗出的水分被吸走了，可以防止豆腐变得水乎乎的、没有味道。

◉ 切块

首先切成豆腐厚度一半的宽度（约2 cm宽），再把切好的每一块横着放倒，切成两半。把方向旋转90度，从一端起切成大致相同的宽度。

◉ 掰开

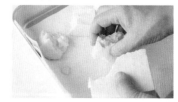

用手掰开，形成凹凸不平的切口，调味料更容易入味。此法适用于制作炒菜或搅碎后使用时。

◉ 用漏网磨碎

把豆腐放入漏勺中，用硅胶铲或汤勺的背面按压，使豆腐穿过漏勺的网眼，这样处理后豆腐口感顺滑，适用于凉拌豆腐。

◉ 控去水分

在方形盘等容器中铺上厨房纸巾，将豆腐切口面向上或向下摆放在盘中。覆上厨房纸巾将豆腐夹在中间，放置15~20分钟控去水分。放置时间因料理不同而不同，可通过菜谱确认。控水后豆腐不会水乎乎的，更有味道，也更容易着色。

◉ 沾上面粉

在方形盘里撒上面粉，把豆腐摆放在盘上，在上面撒上面粉并均匀涂满。侧面也涂满，轻轻拍打全体，使通体只挂住薄薄一层面粉。

Q 听说过把豆腐切成"やっこ"的说法，是切成八块（谐音やっこ）的意思吗？

【油炸豆腐】

把豆腐切成薄片，彻底脱水后用油炸制，做成油炸豆腐。

能让我们享受到独特的口感并为料理增添醇厚的味道。

可以做汤类和面类的菜式，或做成袋状放在炖菜里。要去除油腻后烹调。

◎ 去除油腻

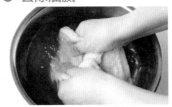

在温水中揉搓清洗。这样能去除油腻和怪味，也使调味料更容易入味。

◎ 切成 1~2 cm 宽

把油炸豆腐竖着放置，竖着切成两半，掉转方向从一端切成 1~2 cm 宽的条。用于汤菜、炖菜等。

◎ 做成袋状

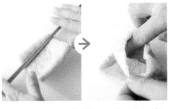

把油炸豆腐按长的一边切成两半，放在菜板上，用长筷子像擀面杖一样擀制 2~3 次，使它容易揭开（左图）。从切口处轻轻揭开，把手指伸入里面使它剥离成袋状（右图）。适用于制作福袋煮和豆皮寿司。

【油炸豆腐块】

把豆腐切成较厚的片，用重物压在上面、彻底去除水分后，用油高温炸制而成。

表面是黄褐色，里面是白色，像豆腐一样。

准备处理时要去除油腻，使它更容易入味。

◎ 去除油腻

在温水中揉搓清洗。这样能去除油腻和怪味，也使调味料更容易入味。

◎ 撕开

用手撕成方便吃的大小。断面上形成凹凸不平的形状，调味料更容易入味。

◎ 涂面粉

因为切口的白色部分不容易挂住调料，可以撒上面粉并用手掸开，涂抹均匀。适用于红烧类料理或需要裹满调料汁的料理。

试着做吧

葱拌豆腐

用料（2 人份）
卤水豆腐或嫩豆腐一块（300 g），葱半根、盐、芝麻碎各半小匙，酒半大匙，胡椒少许，香油 1 大匙

1　制作配料。把葱切成碎末，放入盆中加入盐、芝麻碎、酒、胡椒、香油后混合搅拌。
2　在菜板上铺上厨房纸巾，放上豆腐，轻轻拭去表面的水分，切成两半。
3　将豆腐装盘，把 1 高高地码放在豆腐上。

1 人份含 753 kJ
烹饪时间 5 分钟

Ⓐ 指把豆腐切成略大的方形块。就像我们平时常说的"武家奴仆式风筝"一样，是由于武家奴仆的家徽纹样是四方形而得名的。

干货和海藻的
准备处理

容易保存的干货和海藻，在不想出门买菜时是能发挥重大作用的食材。泡发方法以及准备处理的要诀因食材不同而各异。让我们逐个儿学习吧。

【萝卜干】

是把萝卜切开后晾干制成的，推荐使用能很快泡发的细丝状萝卜干。泡发时，不是把它浸泡在水里，而是揉搓清洗使它变软，这样能更多地保留嚼劲。

● 迅速清洗

在盆中放入能浸过萝卜干的水，迅速清洗，去掉杂质。

● 揉搓清洗

把洗过的萝卜干放入盆中，加入能浸过萝卜干一半的水，用手好好地揉搓（左图）。揉搓到有大量的泡沫出现时，挤干水分（右图）。以上步骤重复3次。

【粉丝】

是把淀粉熬制后做成面条状而成的。以绿豆、土豆、红薯淀粉为原料。推荐使用以绿豆为原料的粉丝，因为它弹性强，即使加热也不易失去弹性。

● 迅速焯水

把粉丝放入足量的热水中，用中火焯约1分钟。要注意焯的时间不可过长，因为时间过长会使之失去弹性。

● 控去水分

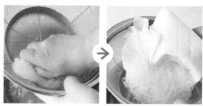

焯过之后放入水中冷却，捞到漏网上，用手按压、彻底去除水分（左图）。再用厨房纸巾擦干水分（右图）。彻底去除水分可以让调味料更入味。

Q 干货可以长期保存，所以放在什么地方都没问题吗？

【 羊栖菜 】

海藻的一种，一般是焯水后晾干而成的。

种类有用羊栖菜的小枝部分制成的羊栖菜芽（海芽菜，见图），和用羊栖菜的茎制成的长羊栖菜。

羊栖菜芽可以短时间内泡发，又不需要费事去切，更方便处理。

◎ 浸水泡发

放入水中迅速清洗干净并控去水分。放入足量的水中，20~30 分钟后即可泡发得很柔软。

◎ 控去水分

捞到漏网上控去水分。再用厨房纸巾擦去水分。

【 切制裙带菜 】

把生裙带菜用开水烫一下后用盐腌制做成盐渍裙带菜。

把盐渍裙带菜清洗干净后切成方便食用的大小，再晾干就制成了切制裙带菜。

它省去了切菜的麻烦，泡发时间又短，方便使用。

◎ 在水中泡发

把切制裙带菜放入盆中，放入没过裙带菜的水浸泡 5~10 分钟。用漏网捞起控去水分。泡发时间因要做的料理不同而不同。

【 烤海苔 】

把干海苔在高温下迅速加热制成。香气浓郁，可直接食用。

完整的大致有 21 cm×19 cm。

除此之外，市面上还出售适合不同用途的各种尺寸的烤海苔。

因为容易返潮，处理时手要保持干燥。

◎ 剪成带状

使用厨用剪刀，像剪纸那样剪开。可用于制作寿司等。

◎ 剪成细丝

剪成带状后摞起来，用厨用剪刀从一端开始细细地剪成细丝。用于添加到凉拌菜、面类、汤类料理中。

◎ 撕成小碎片

用手把一张完整的烤海苔撕成 4 等份，再摞起来用手撕成小碎片。适用于添加到沙拉、凉拌菜里，或者需要煮化的时候。

(A) 可以常温保存，但是比较怕日光和湿气，开封后要装入可封口的塑料袋或密封容器中，放在阴凉的地方保存。

鸡蛋的准备处理

生着也能食用的鸡蛋，常常在不经意间就吃光了。根据本书的基本知识做过准备处理后，鸡蛋会变得更加美味，完成后也更美观。其中要掌握的要点就是适合不同料理的搅拌方法和搅拌程度。

◎ 恢复至常温

用热水煮鸡蛋时，要提前从冰箱里取出来放置约 20 分钟，使它恢复至常温。这样蛋壳上不容易出现裂缝。

◎ 敲开蛋壳

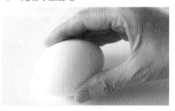

把鸡蛋中央鼓起的部分在平台处磕出裂缝，从裂缝处把它掰成两半。如果在盆沿或尖的地方敲的话，蛋壳容易掉进蛋液内，这点需要注意。

◎ 搅动鸡蛋

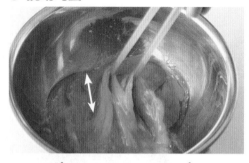

把鸡蛋打入盆中，用长筷子尖把蛋黄轻轻搅碎，快速搅动使蛋液在直线上往返。拿筷子时两根筷子间留出间隔，擦着盆底搅动，这样能更快地打散，且不易出现气泡。

↓

轻轻搅拌（约 10 次）

用长筷子往复搅动约 10 次，搅到还残留有蛋清块的程度，鸡蛋处于滑溜黏稠的状态。适用于想把鸡蛋做得松软的时候，如鸡蛋汤。

↓

好好搅拌（约 30 次）

用长筷子往复好好搅拌约 30 次。搅拌到全变成黄色，保留有适度弹性的状态。适用于炒鸡蛋或煎鸡蛋卷时，是基本的搅拌方法。

↓

彻底搅拌（40~50 次）

用长筷子往复彻底地搅拌 40~50 次。搅拌到有些发白、像水一样流畅的状态。用于制作茶碗蒸（蒸鸡蛋羹）或配料很多的煎鸡蛋卷时。

◎ 过滤

把搅拌好的鸡蛋或加入汤汁、调料后的蛋液通过网眼很细的漏网过滤。这样去除了蛋壳碎和蛋清块，做出来口感会更顺滑。

鸡蛋要在临烹饪前再打开

从鸡蛋壳里打出来的鸡蛋，经过一段时间后就会失去弹性，做成后就不够松软了。做鸡蛋料理时，要在准备处理完其他食材后，再打破鸡蛋，并迅速烹调，这是基本原则。使鸡蛋恢复至常温时，一定是在带壳的状态下。

第 **3** 堂课

只要学会，一定美味！
烹饪技巧

各种各样的烹饪方法，有着相通的要点。

而那就是提升美味程度的技巧。

让我们充分学习后，挑战一下实际的菜谱吧！

料理完成后的结果会和以前大有不同哦。

"煎"的基础知识

在人气菜谱里，经常使用煎、烤等烹饪方法。其中，做出鲜嫩多汁的料理并不烧焦是很重要的，下面让我们来掌握它的窍门吧。

将油倒入 ……→ 放入食材 ……→ 开始煎 …………

◉ 中火加热

将油倒入锅中，用中火加热。将手放在锅的上方，如果感觉到温度，说明油已热好。接着握住锅柄轻轻晃动，如果油顺滑流动，即可放入食材。

◉ 薄油涂锅

如果要用少量油来煎，可用吸过油的厨房纸巾在锅里薄薄地擦一层油。也可倒入少量油，再用厨房纸巾将油均匀地刷满整个锅。

◉ 先煎鱼的表面

煎鱼时得想好装盘时要哪面朝上，然后先煎朝上的那一面。如果煎带皮的鱼块，则先煎鱼皮的一面，这样装盘时就能保证鱼皮朝上。

◉ 先煎鸡皮一面

煎鸡肉时，将鸡皮朝下放置来煎，这样煎出的鸡肉皮不会紧缩，既色泽金黄，又Q弹爽口。

◉ 凉锅干煎

牛肉饼和五花肉这类食材有很多脂肪，煎的时候可以不放油、直接将食材放入凉锅，中火慢煎。

◉ 边煎边压

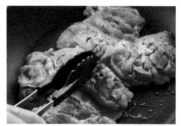

煎鸡腿和鸡翅时，可用夹子按压，使皮贴紧锅面，这样煎出的鸡皮会富有弹性。

◉ 边煎边吸

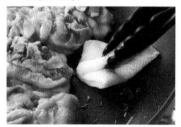

煎鸡腿和鱼时，用厨房纸巾将渗出的油分吸走，会使肉的味道清爽无异味。

◉ 贴在锅边煎

煎鱼时，将鱼夹在木铲和长筷之间，贴在锅边煎，这样背面也能煎熟。

Q 外面都快煎焦了，但里面还是生的，这是怎么回事？

大功告成

○ 用夹子翻面

当肉下面煎至金黄色时，便可以翻面了，在煎较厚的肉时用夹子可以轻易翻面。

○ 用木铲和长筷翻面

像牛肉饼这类不容易夹牢的食材，煎的时候可以用木铲和长筷夹住轻轻翻面。

○ 盖上盖子

在煎较厚的肉、鱼和肉饼时，翻面过后将盖子盖上、留住热气慢慢煎熟。依菜品不同有时需要加少量的水。

○ 检查

用竹签扎进食物中间较厚的部分，之后拔出放在手背感受温度，如果是热的，说明肉煎好了。如果是凉的，则还须再煎 1~2 分钟。

○ 调味

淋调味汁之前，先用厨房纸巾吸走油分（左图），再关火淋汁（右图）。这样调味汁会更加入味。

○ 增加色泽

淋汁过后用中火加热，时不时翻翻面能让调味汁更好地渗入，增强肉的色泽。

○ 涂上黄油

舀一勺溶化的黄油涂满鱼身，给煎好的鱼调味。因为鱼不需要翻面，所以鱼身不容易散乱变形。

○ 晾一晾

较厚的肉如果刚煎好就立即切开，会流出肉汁，所以可以将肉放置 5 分钟左右再切。

○ 用煎肉锅制作酱汁

因为煎过肉的锅还残留着肉的香味，所以可以放入材料接着制作酱汁。如果锅里有焦黑，先将其轻轻擦去。

 可能是食材的温度很低，煎肉之前可先将肉提前 20 分钟拿出解冻。

【 西红柿煎鸡肉 】

使用煎鸡肉后剩下的油来炒生西红柿，就能轻松做出番茄酱。
之后给焦黄美味的鸡肉满满地浇上番茄酱。

用料（2 人份）
鸡腿肉…2 块
（400~450 g）
盐…半小勺
胡椒…少许
色拉油…少许
番茄酱
┌ 西红柿…2 个（350 g）
├ 盐…半小勺
└ 胡椒…少许

🗑 1 人份含 1465 kJ
🕐 烹饪时间 20 分钟
＊不含将鸡肉恢复至常温和预
先调味的时间。

❶ 烹调准备

鸡肉恢复至常温后除去多余的脂肪，在肉上浅浅地打 3~4 刀花刀（参照第 42 页）。将鸡肉放入盆中，在两面撒上盐和胡椒后，放置约 10 分钟。

❷ 开始煎

用厨房纸巾在锅内抹薄薄一层色拉油。开中高火热锅，约 10 秒钟后将鸡肉皮朝下放入锅内。煎 2~3 分钟后会出现些许油分，这时用夹子边压边煎 3~4 分钟，其间用厨房纸巾拭去渗出的油分。煎至焦黄后翻面，再用中火煎 4~5 分钟后取出放入盆中，放置 5 分钟左右。

❸ 制作番茄酱，装盘

西红柿去蒂后，切成 2 cm 见方的块状。接着将煎过肉的锅用中火加热，放入西红柿炒 3~4 分钟，撒上盐和胡椒。将步骤 2 的肉斜切成容易入口的大小后装盘，淋上番茄酱。

Ⓠ 👧 煎鸡腿肉时只放少许色拉油，不会粘锅吗？

【盐烧鸡翅】

煎出酥脆的鸡皮。
一碟鸡翅，让你口舌生香。

用料（2 人份）
鸡翅膀…6~8 只（400 g）
盐…半小勺多
黑胡椒粉…少许
色拉油…少许
柠檬（切扇形）…适量
七味粉…适量

🗑 1 人份含 963 kJ
🕐 烹饪时间 20 分钟
＊不含给鸡翅预先调味的时间。

❶ 烹调准备
用冷水将鸡翅洗净，拭去水分。用厨用剪刀沿着骨头剪口（参照第 44 页）。撒上盐和黑胡椒粉后放置约 20 分钟使其入味。

❷ 开始煎
用厨房纸巾在平底锅里涂上薄薄一层色拉油。开中高火热锅，约 10 秒钟后将带皮一面朝下放入。用夹子边压边煎约 8 分钟。之后翻面中火加热约 6 分钟，其间用厨房纸巾将渗出的油分拭去。

❸ 装盘
装入盘中，撒上七味粉并摆上切好的柠檬。

用料（2 人份）
新鲜鲑鱼（切块）
…2 块（250~300 g）
A ┌ 盐…半小勺
  │ 胡椒…少许
  │ 白葡萄酒（或清酒）
  └ …1 小勺
面粉…1 大勺
色拉油…半大勺
黄油…2 大勺
酱油…四分之一小勺
香叶（或生菜）…适量
胡萝卜（切丝）…少许
柠檬…适量

🗑 1 人份含 1214 kJ
🕐 烹饪时间 20 分钟
＊不含给鲑鱼预先调味的时间。

❶ 烹调准备
首先按 A 的顺序给鲑鱼涂上调料，放置约 20 分钟使其入味。之后用厨房纸巾拭去鲑鱼上的水分，撒上薄薄一层面粉。

❷ 开始煎
将色拉油倒入锅中用中火加热，鱼表面朝下放入锅中。约 4 分钟后翻面煎 2~3 分钟，之后关火，用厨房纸巾轻轻擦拭锅里，再用中火加热，依次放入黄油、酱油。将溶化的黄油抹在鱼上，盖上盖子焖煎约 2 分钟。

❸ 装盘
装入盘中，放入混合好的香叶、胡萝卜，淋上锅里残留的汤汁，再摆上切成半圆形的柠檬。

【法式黄油煎鲑鱼】

"Meunière" 在法语里为 "磨坊" 之意。菜如其名，裹在鱼身上的面粉如磨坊一般将美味留在其中，煎出的鲑鱼色味俱佳。

Ⓐ 煎的时候脂肪会溶出来，所以没关系。

"炒" 的基础知识

虽然炒不是特别难的烹饪方法，但是要做出爽口有嚼劲的料理，也需要掌握一些要点。下面让我们来掌握菜单里提到的各种技巧吧。

准备 ·············→ 放入食材 ·······→ 加热 ···············

◎ 事先混合复合调味料

在炒之前，先将复合调味料材料混合好。因为炒菜不迅速炒好的话就会出汤、味道变淡，所以须事先准备好。

◎ 放入冷油和蒜

用带有蒜香味的油炒菜时，可将油和蒜同时放入锅中慢慢加热。请注意，如果用热油，蒜就会烧焦变苦。

◎ 先放根部

在炒油菜这类各部分厚度不一的蔬菜时，先放入难熟的根部，在锅底均匀铺开，然后放中间部分，最后放柔软的叶部。

◎ 蔬菜放边上或上面

同时炒肉和蔬菜时，将难熟的肉放在中间，周围放蘑菇等，最后放上像豆芽一类容易熟的食材。

◎ 将菜分散摆放

炒豆腐时，将它留出空隙摆放，然后将肉片放入豆腐之间的空隙中。这样豆腐就不容易变形了。

◎ 边炒边压

放入食材后，用木铲轻轻按压给食材加热，像盖上盖子一样不让热气跑走。这样可以迅速炒好，而且不至于出汤变得味淡。

◎ 放入食材稍后加热

放入蔬菜后不要立刻搅拌，先在锅内摆开放置 1~2 分钟（左图）。之后放肉的时候也放置一会儿再调成大火（右图），最后稍稍搅拌便可炒熟。

Q 相比而言，还是用圆底锅炒的菜比较好吃吗？

→ 开始炒 ·········· → 大功告成 ·····→

◎ 炒至冒出香味

将蒜或姜炒至起小泡，闻到香味时，油便会带有同样的香味，在这之后放入食材。

◎ 夹着上下翻炒

稍大的蔬菜可以用木铲和长筷夹住上下翻炒。

◎ 从底部铲起上下翻炒

在炒堆叠放入的食材时，可以用木铲从底部铲起翻炒。

◎ 边搅散边翻炒

炒肉末时，先用木铲像切菜一样粗粗地把肉末打散，接着边细细搅散肉末边翻炒，炒至肉粒一颗颗分开。

◎ 炒至料理蘸满油

炒至料理沾满油，呈现出色泽。如果下一步要放入其他食材或要炒后炖煮的话，此时便是加入新食材或淋汤汁的时机。

◎ 炒至软烂

炒大葱、洋葱这类带气味的蔬菜时，用适当的火候将其炒至软烂。

◎ 炒至肉色变化

当肉从红色变为有些发白时，说明快炒熟了。这时就可以加入其他食材、调味了。

◎ 迅速炒好

最后再放入容易炒熟的食材，边炒边迅速搅拌，时间为 10~30 秒钟。

◎ 撒上盐

在快炒熟的时候，撒上盐调味。如果很早就撒盐，会导致蔬菜的水分渗出流失。

◎ 空出中间，放入调味料

液状调味料可以直接倒在锅中间空出的部分，不一会儿就可以热好，香味四溢。

◎ 除去水分

最后，将火调大，大幅搅炒，蒸发多余的水分。

 需要注意的是，圆底炒锅不适用于电磁炉。因为锅底不能均匀受热，容易导致失败。

【 蒜炒油菜 】

油菜的叶和根能让你品尝到不同的口感。
简单清炒一小碟，让你回味无穷。

用料（2 人份）
油菜…2 棵
蒜…半瓣
芝麻油…2 小勺
盐…三分之一小勺
料酒…1 大勺
胡椒…少许

🗑 1 人份含 251 kJ
⏱ 烹饪时间 10 分钟

❶ 烹调准备
将油菜切成 3 等份，根部切成 6 等份。将蒜竖着切两半，取出芯后横切成薄片。

❷ 开始炒
将芝麻油和蒜放入锅中，中火加热。散发出香味后放入油菜根，再依次将中部、菜叶放入锅中。之后用木铲边压边加热约 1 分钟。然后用木铲和长筷夹起上下翻面炒约 30 秒。

❸ 调味
撒入盐，倒料酒入锅。开大火炒大约 30 秒，使水分蒸发，最后撒上胡椒搅拌。

【 豆芽炒猪肉 】

炒得不要太熟，是炒出甘脆清爽的豆芽的秘诀。
最后撒上盐，使整道菜更为入味。

用料（2 人份）
豆芽…1 袋（200 g）
香菇…6 朵（100 g）
碎猪肉…200 g
芝麻油…半大勺
盐…半小勺
胡椒…少许

🗑 1 人份含 1256 kJ
⏱ 烹饪时间 15 分钟

❶ 烹调准备
用水冲洗豆芽约 5 分钟，洗净后放入漏网滤干水分，用厨房纸巾拭去水分。将香菇去蒂，菇柄切成 4 等份，菌帽切薄片。

❷ 开始炒
将芝麻油倒入锅内中火加热，之后放入猪肉，粗略扒散开，炒大约 1 分钟。炒至猪肉周围颜色变化，将猪肉铲至锅中央。接着将香菇放入猪肉四周，在香菇上放上豆芽，用木铲边压边炒约 2 分钟。然后上下翻炒 1~2 分钟。

❸ 调味
撒上盐和胡椒，再炒大约 1 分钟使其入味。

Ⓠ 肉和蔬菜一起炒时，是先炒肉还是先炒蔬菜？

【味噌炒青椒肉片】

将味噌和味啉搅拌后，会使它更容易与菜混合。
这是一道在短时间内就能做出的美味料理。

用料（2 人份）
青椒…3 个
大葱…1 根
生姜…1 片
碎猪肉…150 g
面粉…1 小勺
A [味噌…2 大勺
    味啉…2 大勺
色拉油…2 大勺

🍱 1 人份含 1716 kJ
🕐 烹饪时间 10 分钟

① 烹调准备
随意将青椒切好后，去掉蒂和籽；大葱按 1 cm 宽度斜切；生姜去皮后切薄片；将猪肉粗略地裹满面粉；然后将 A 中的用料预先混合好。

② 开始炒
将色拉油倒入锅中用中火加热，接着放入生姜开始炒。闻到香味后放入猪肉，粗略扒散开加热 1 分钟左右。然后将猪肉移至锅底中央，在周围放上青椒和大葱，用木铲轻轻按压蔬菜加热约 2 分钟。最后上下翻炒。

③ 调味
空出锅的中间部分，然后倒入混合过的 A 用料，搅炒 1 分钟左右使其入味。

用料（2 人份）
西芹…2 根
牛肉…150 g
A [砂糖…1 小勺
    酱油…1 小勺
B [味啉…1 大勺
    酱油…1 大勺
    七味辣椒粉…半小勺
芝麻油…三分之一大勺
七味辣椒粉…少许

🍱 1 人份含 1549 kJ
🕐 烹饪时间 10 分钟

① 烹调准备
首先将西芹去筋，粗菜梗按 5 mm 宽度斜切，细菜梗按 4~5 cm 长度竖着切薄，菜叶切碎成容易入口的大小即可。接着依次给牛肉淋上 A 用料后揉搓。最后将 B 用料预先混合好。

② 开始炒
将芝麻油倒入锅中用中火加热，放入西芹菜梗铺满锅底，加热 1~2 分钟后再炒 1~2 分钟。接着空出中间，放入牛肉，当牛肉下半部分变色时和西芹一起翻炒。

③ 完成
空出锅的中间部分，倒入混合好的 B 用料搅拌。搅炒至水分消失后放入菜叶，倒入 1 小勺芝麻油继续搅拌。最后装盘撒上七味辣椒粉。

【西芹炒牛肉】

辣味使西芹变得更有风味。
西芹的味道衬托得牛肉更加美味。

Ⓐ 不同的料理会不一样。按照菜谱上的步骤来做，味道和口味会刚刚好。

"炖/烧"的基础知识

是用汤汁煮食材、使食材入味的一种烹饪方法。也有炒了之后再煮、双重加盖、焖等各种手法，其中控制火候和利用余热是烹饪的要点。

煮汤 ·········→ 放入食材 ·······→ 炖菜 ·················→

● 炒后淋汤汁

做土豆炖肉这类菜时，先按顺序来炒各种食材（左图），肉色变化后倒入汤汁（右图）。提早混合好汤汁，材料能更快地调好味。

● 炒后加水

像猪肉酱汤这类最后加入调味料的菜式，可以先炒菜（左图），当肉色变化后再加水（右图）。

● 将鱼放入煮好的汤汁里

炖鱼时，先将汤汁材料放入锅内用中火加热，煮开后下鱼入锅。这样鱼的表面会立刻变硬，不会有异味出现。

● 将蔬菜放入煮好的汤汁里

芋头和南瓜等容易煮烂的蔬菜，应在汤汁煮好后放入。

● 舀淋汤汁

像鱼这类容易煮烂的食材，在炖的时候可以边反复舀淋边炖。这样不翻面也能使整条鱼入味。

● 舀出浮沫

浮在表面的混浊泡沫就是浮沫，煮肉或鱼的时候经常出现。舀走浮沫能让味道更清爽。用圆汤勺舀出扔掉，同时注意不要将汤过多地舀出。

Q 炖菜用小火慢炖会不会更好吃？

→ 大功告成

● 盖上厨房纸巾，再盖上盖子

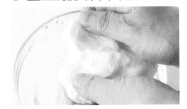

将厨房纸巾折叠后用水浸湿，轻轻挤掉一些水分。如果直接盖上干燥的厨房纸巾，会导致汤汁被吸走。

↓

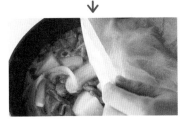

展开厨房纸巾，直接盖在食材上。即使是少量的汤汁也能遍布整锅，更加入味。

↓

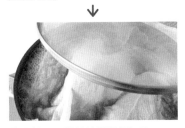

盖上盖子，锁住热量慢慢加热。

● 煮至柔软

用竹签刺一刺食材，如果很轻松就能刺入，说明里面也煮软了。如果很难刺入，则再煮1~2分钟。

● 焖

在焖芋头时，确认它软了之后关火，再次盖上厨房纸巾和盖子焖10分钟左右（左图）。入味后菜的颜色会变深（右图）。

● 炖至汤汁收干

炖鱼时，在最后打开盖子，大火煮2~3分钟，收汁后汤会变得很浓。

● 上下翻动

做土豆炖肉时，如果汤汁变少，就用木铲和长筷夹着上下翻动，把上面的食材翻到下面，使菜整体都入味。

● 调味

有些料理需要在最后加入调味料。做味噌汤菜或煮菜时，在最后倒入加水稀释过的味噌会使菜发挥风味。

● 用黄油面粉勾芡

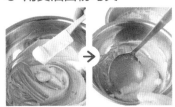

要做西式炖煮料理的话，先搅拌恢复至常温的黄油，再加入面粉搅拌混合（左图为黄油面粉）。加入适当的汤汁稀释，再放回锅里搅拌。

● 用水溶淀粉勾芡

要做出日式或中式炖菜或汤菜时，先将淀粉和水仔细混合均匀（左图为水溶淀粉），接着绕着锅转动淋入煮好的汤里（右图），搅拌勾芡。

Ⓐ 也不一定，有些料理用大火也能很入味。

【 土豆炖牛肉 】

用平底锅炒后直接煮。
最后充分焖一焖，热乎乎的土豆和软乎乎的肉就出锅了！

用料（2 人份）
牛肉…150 g
底味用料
  砂糖…1 小勺
  酱油…1 小勺
土豆…2~3 个
洋葱…半个
荷兰豆…8 片
汤汁用料
  砂糖…2 大勺
  酱油…2 大勺
  水…三分之二杯
色拉油…2 大勺

🗑 1 人份含 2344 kJ
🕐 烹饪时间 35 分钟

❶ 烹调准备
将土豆切成 3 cm 见方的块，用水冲 5 分钟左右后控干；将洋葱 6 等份切成弓形；荷兰豆去筋后竖着切两半；给牛肉依次蘸上底味用料；最后混合好汤汁用料。

❷ 开始炒
将色拉油倒入锅内用中火加热，接着放入洋葱快炒，再放入土豆继续炒，然后放入牛肉上下翻炒搅拌。肉的一半变色后将其表面压平。

❸ 开始煮
倒入汤汁，除去浮沫。盖上浸湿的厨房纸巾，再盖上盖子用小火煮 10 分钟左右。

❹ 完成
加入荷兰豆，盖回厨房纸巾和锅盖，关火焖 10 分钟左右，最后上下翻炒使其入味。

Q 在炖的时候汤汁很快变少，该怎么办呢？

用料（2 人份）

芋头…（小）
10 个（约 350 g）
盐…1 大勺
汤汁用料
　　砂糖…2 大勺
　　酱油…2.5 大勺
　　水…1.5 杯

🗑 1 人份含 628 kJ
🕐 烹饪时间 45 分钟
＊不含晾干芋头的时间。

【 炖芋头 】

芋头恰到好处的黏稠感和淡淡的甘咸，再加上唇齿留香的美味。
即使用来招待客人，也是一种很好的选择。

① 烹调准备

洗好芋头，竖着削去皮；接着放入盆里，撒盐揉搓 30 秒左右；再用水快速冲洗，最后用厨房纸巾拭去水分和黏液（参照第 37 页）。

② 开始煮

将汤汁材料放入稍小的锅内，用中火加热。煮好后放入芋头。煮开后调至小火，盖上浸湿的厨房纸巾和锅盖，煮 15~18 分钟。到时间后用竹签扎一扎检查硬度，之后盖回厨房纸巾和锅盖，焖 10 分钟使其入味。

- -

【 味噌煮青花鱼 】

肥满的青花鱼浇上浓厚的汤汁，是让人食欲大增的一道家常菜。

用料（2 人份）

青花鱼（切块）
…2 块（200 g）
生姜…1 片
大葱…1 根
A
　　味噌…2 大勺
　　酱油…2 大勺
　　酒…2 大勺
　　砂糖…2 大勺

🗑 1 人份含 1339 kJ
🕐 烹饪时间 20 分钟
＊切鱼时，将鱼头切下后，沿着鱼背骨切成两半再切半。

① 烹调准备

洗净青花鱼后用厨房纸巾拭去水分，在皮上划两道口子；大葱切 5 cm 长；生姜削皮后切薄片。

② 开始煮

将 A 用料放入稍小的锅内搅拌，接着一点一点倒入半杯水混合。开中火煮开后将鱼皮朝上摆入。然后放入大葱和生姜，时不时地往汤里加汤汁，煮约 3 分钟后盖上浸湿的厨房纸巾和锅盖，用小火煮 8 分钟左右。最后拿走厨房纸巾和锅盖，用大火煮 2~3 分钟。

Ⓐ 这种情况时，可以先倒入水或汤，接着将锅盖半掩着炖。注意，如果同时加入调味料的话会导致味道变浓。

"炸"的基础知识

对于还不习惯使用油的初学者来说，这个烹饪方法可能会让人有些许不安。不过不用担心，只要按照要点一步一步来做，就能做出完美的炸鸡块和炸猪排。和令人不安的新手阶段说再见吧！

预先调味 ⋯⋯⋯→ 裹上面衣 ⋯⋯⋯→ 用油加热⋯⋯⋯⋯

❍ 用酱油和鸡蛋

在做干炸处理的时候，把酱油、砂糖、鸡蛋用手混合。加入鸡蛋可以使料理味浓多汁。

❍ 裹上盐和酱油

在做炸猪排或油炸料理时，两面都裹上盐和酱油来调味，从稍高处撒下可以撒得更均匀。

❍ 混合面粉

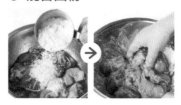

干炸处理时，撒入面粉（左图），用手混合。混合至没有面粉感、表面变黏稠即可（右图）。

❍ 依次放入面糊、面包粉

制作面糊：往打好的鸡蛋或蛋液（混合了牛奶等）里加入面粉后搅拌均匀。

↓

将食材放入装有面糊的盆里裹上面糊。裹上了面糊后面包粉就不容易脱落了。

↓

将食材放置在面包粉上，食材上也撒上面包粉，之后轻轻按压使面包粉紧紧裹上。最后拿起食材抖落多余的面包粉。

❍ 将油倒入锅中加热，用长筷检查温度

向锅中倒入约 2 cm 深的色拉油，用中高火加热。之后用长筷检查油的温度：将干燥的长筷斜着放入，筷头抵至锅底，观察泡泡的样子。

油温指标

• 低温（约 160 ℃）
放入干燥的长筷后，小泡泡慢慢地出现。

• 中温（约 170 ℃）
放入干燥的长筷后，小泡泡迅速出现。

• 高温（约 180 ℃）
放入干燥的长筷后，小泡泡迅速并大量地出现。

面包粉分为
干燥面包粉
和生面包粉

干燥面包粉的肌理很细嫩紧致；生面包粉则稍大而柔软，用于炸制会更松脆有分量。可以把食用面包细细捣碎来代替生面包粉。

Q 有时油会飞溅出来，该怎么预防呢？

→放入食材 ………→ 翻面……………→ 大功告成……→

◉ 用手一块一块轻轻放入锅中

用手一块一块放入锅中（左图）。如果用长筷夹着放入，可能会滑落，导致热油飞溅，所以一定要用手轻轻放入。干炸时，如果一点一点炸的话很容易炸焦，所以一次性全部放入慢慢油炸（右图）。

◉ 展开放入

炸猪排时，用手一个一个展开，轻轻放入。

◉ 抓着尾部放入

炸鱼时，牢牢抓住尾部，从头部开始轻轻摆入锅中。

◉ 用长筷

干炸时，食材周围变硬后，用长筷一个一个滚动翻面。

◉ 用木铲和长筷

炸猪排时，底面变硬后用木铲和长筷轻轻翻面（左图）。然后按照食谱上的时间来炸（右图），不用多次翻面也行。

◉ 取出

炸至黄褐色并变酥脆后，用长筷夹起，轻轻晃动控掉油分。

◉ 去除油分

将食材摆放到垫有厨房纸巾的盘子上充分去除油分。

◉ 靠在盆边去油

像炸猪排这类大的食材，可以靠在盆边缘控去油分。

【炸鸡块】

一道酱香十足的家常油炸菜。
作为下饭菜或下酒菜都是一个很好的选择。

用料（2~3 人份）
鸡腿肉…2 块（400~450 g）　　面粉…半杯
预先调味料　　　　　　　　　色拉油…适量
　　酱油…2 大勺　　　　　　柠檬…适量
　　砂糖…1 小勺
　　胡椒…少许　　　　🗑 1 人份含 1800 kJ
　　鸡蛋…1 个　　　　🕐 烹饪时间 25 分钟

　　　　　　　　　　＊不含给鸡肉预先调味的时间。

1 烹调准备
除去鸡肉多余的脂肪后，每块切成
6 等份。

2 调味，裹上面衣
将鸡肉放入盆中，按预先调味料的
顺序加入用料，然后用手揉搓，放
置 10 分钟左右使其入味，最后撒
上面粉用手混合。

3 开始炸
往锅中倒入约 2 cm 深的色拉油，接
着用中高火加热至高温（约 180 ℃）。
将鸡肉用手一块一块放入锅中，全
放入后炸 3~4 分钟。表面变硬后上
下翻面，再炸 4 分钟左右。炸至黄
褐色并变酥脆后取出，放入垫有厨
房纸巾的盘子上去除油分。

4 装盘
装入盘中，放上切好的半圆形柠檬。

Q 炸过食物后的油还能再用一次，是真的吗？

【炸猪排】

外表香脆可口，中间鲜嫩多汁。
饱享厚实里脊的美味。

用料（2 人份）
猪里脊肉（炸猪排用）
…2 块（250 g）
盐…四分之一小勺
胡椒…少许
面糊
┌ 鸡蛋…1 个
│ 牛奶…1 大勺
└ 面粉…4 大勺
生面包粉…3 杯
色拉油…适量
中浓调味汁…4 大勺
洋白菜（切丝）…2 片

🍱 1 人份含 3390 kJ
🕐 烹饪时间 25 分钟

❶ 烹调准备
用刀背（刀刃的反面）敲打猪肉两
面 20~30 下，之后用手整好形状，
在两面撒上盐和胡椒。

❷ 裹上面衣
制作面糊：将鸡蛋放入盆中搅拌好
后，加入牛奶继续搅拌，接着加入
面粉再搅拌（面糊）。做好面糊后
给猪肉裹上面糊、面包粉。

❸ 开始炸
将色拉油倒入锅中约 2 cm 深，用
中高火加热至高温（约 180 ℃）。
将步骤 2 准备好的猪排一个一个放
入炸 3~4 分钟。反面变硬后上下
翻面炸 3~4 分钟。整个变为黄褐
色后取出，放入垫有厨房纸巾的盘
中去油。

❹ 装盘
晾一会儿后切成容易入口的大小
装盘，放上洋白菜，浇上中浓调
味汁。

 可以，晾一会儿后用厨房纸巾滤渣，然后移至油盒中放在阴凉处保存。

"蒸"的基础知识

即使没有蒸笼，用平底锅或蒸锅也可以做出蒸的料理。其要点是"加少量的水"和"盖上盖子锁住蒸气"，这样也能蒸出向往已久的鸡蛋羹。

放入 ·············→ 盖上盖 ···········→ 开始蒸 ···········

用平底锅蒸

◉ 垫上蔬菜，倒水

将蔬菜展开放入平底锅中，在蔬菜之上放肉或鱼。蒸烧卖时，可以在烧卖下垫洋白菜，这样因为不接触锅底，能蒸出松软的烧卖。最后沿着锅边倒上大约半杯水。

◉ 盖上盖子用中火加热

用平底锅蒸的时候，加热之前盖上盖子，能牢牢锁住热气。

◉ 煮开后调至小火

如果肉下垫的是像土豆、萝卜这样不容易煮熟的蔬菜，锅中的水咕嘟咕嘟地涌上来时，调至小火，慢慢蒸。

用蒸锅蒸

◉ 先倒入水

用蒸锅蒸鸡蛋羹时，先向锅里倒入 2 cm 深的水（上图），再将装有蛋液的耐热容器放入锅中（下图）。

◉ 用布包住盖子

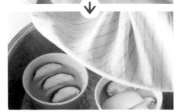

为了预防食材沾上水滴，可以用稍大的布包住锅盖。注意应在中央部位打结，以免布被火点着。然后用中火加热，水煮开后盖上盖子。因为用布包住了锅盖，所以锅盖上的水滴就不会滴到食物上了。

◉ 先用大火加热

蒸鸡蛋羹时，虽然用大火加热，鸡蛋羹表面会很容易出现小洞，但如果一开始就用小火加热，蒸好需要很长时间，所以前 1~2 分钟我们还是要用大火加热。

Ｑ 试过在蒸锅里做蛋羹，但是容器咔嗒咔嗒地响，特别吵！没有什么办法吗？

→ 大功告成……→

◎ 中火加热

蒸容易熟的食材时，用中火蒸。水煮开后再开始计算蒸的时间。

◎ 检查后继续焖

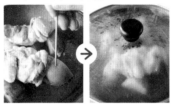

用竹签扎一扎难蒸熟的食材，如果能轻松扎入便可以关火（左图）。如果还很硬，则再蒸 1~2 分钟，最后盖上盖子焖一会儿。这样一来汤汁能很好地被食材吸收。

◎ 变白后调至小火

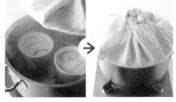

蒸鸡蛋羹时，蛋液发白后调至小火。再盖上盖子蒸 5 分钟左右。如果没变白，则再用大火蒸 1 分钟左右后检查有没有变白。

◎ 检查后取出

蒸鸡蛋羹时，用布垫在手上抓住容器轻轻摇晃，如果边缘很牢固，并且鸡蛋羹有弹性地摇晃，说明蒸好了（左图）。如果还有水分或是表面波动起伏，则再蒸 1~2 分钟。最后关火，待蒸气消失后，将绷紧的布蒙上，垫着布稳稳地取出鸡蛋羹（右图）。

用带锅盖的锅来蒸

平底锅

蒸锅

平底锅选用直径为 24~26 cm 的，锅盖要用与平底锅匹配的。如果有缝隙的话水蒸气会跑走，导致蒸焦。用耐热玻璃做的锅盖，能方便地观察水有没有煮开。可以选择稍大一些的蒸锅，如果要蒸 2 人份的鸡蛋羹，选用直径约 24 cm 的为好。同样，锅盖也要能紧密地盖在锅上。

Ⓐ 在容器下垫上厨房纸巾或布就好了。

【猪肉烧卖】

切得较粗、口感清脆的洋葱是这道菜的亮点。
一起蒸的洋白菜也非常可口。

用料（2~3 人份）
猪肉馅…250 g
洋葱…半个（80 g）
盐…半小勺
淀粉…2 小勺
A ┌ 酱油…2 小勺
  │ 砂糖…2 小勺
  └ 芝麻油…1 小勺
烧卖皮…16 片
洋白菜…4~5 片（200 g）
芥末…适量
酱油…适量

🗑 1 人份含 1214 kJ
⏱ 烹饪时间 30 分钟

＊不含给洋葱预先裹盐的时间。

❶ 烹调准备
将洋葱切成较大的粒状。放入盆中加盐搅拌后放置 10 分钟左右，然后挤干水分裹满淀粉。洋白菜撕成约 5 cm 见方的方形。

❷ 开始包
将肉馅、步骤 1 中准备好的洋葱和 A 用料放入盆里搅拌揉和至黏稠。粗略揉成 16 个大小大致相同的肉团。然后将肉团一个一个包入烧卖皮中，将烧卖皮的角对折贴上（左图）。边轻轻按压上下两面，边捏住侧面成圆筒形（右图），上方露出一些肉也可以。剩下的用同样方法制作。

❸ 开始蒸
将洋白菜展开放入平底锅，放上步骤 2 中包好的烧卖，再转圈倒入半杯水。然后盖上锅盖用中火加热，水煮开后蒸 6~7 分钟。

❹ 装盘
将洋白菜在器皿中摆开，再在上面摆上烧卖，最后加上芥末和酱油。

Ⓠ 将市场上卖的烧卖重新加热也是用同样的方法吗？

【 土豆蒸鸡肉 】

柔软多汁的鸡肉和热乎乎的土豆，
是一道能充分享受沙拉口感的美味主菜。

用料（2 人份）
鸡腿肉…1 块（250 g）
盐…半小勺
胡椒…少许
土豆…2 个（300 g）
明太子蛋黄酱
┌ 明太子（大）
│ …半个（50 g）
│ 蛋黄酱…3 大勺
│ 酱油…1~2 小勺
└ 胡椒…少许

🗑 1 人份含 2177 kJ
🕐 烹饪时间 30 分钟

❶ 烹调准备
去除鸡肉多余的脂肪后切成两半，两面撒上盐和胡椒，土豆洗净后带皮切成 4 等份。

❷ 开始蒸
将土豆摆入平底锅中，接着将鸡肉皮朝下放入，再倒入半杯水。盖上锅盖用中火加热，水煮开后调至小火，蒸 10 分钟左右。然后用竹签扎一扎土豆，如果能轻松扎入则关火，如果还硬则再蒸 1~2 分钟。再次盖上盖子，焖 5 分钟左右再蒸。

❸ 完成
制作明太子蛋黄酱：用勺子掏出明太子，去除薄皮，加入剩下的材料搅拌。做好后取出鸡肉，切成容易入口的大小。最后将鸡肉和土豆装盘，淋上明太子蛋黄酱。

用料（2 人份）
鸡蛋…2 个
┌ 汤汁（参照第 98 页）
│ …半杯（300 ml）
A │ 盐…三分之一小勺
│ 味啉…1 小勺
└ 酱油…少许
鸡胸肉…1 块（50 g）
盐…少许
鱼糕…2 cm（约 20 g）
香菇（大）…1 朵
鸭儿芹…4 根

🗑 1 人份含 502 kJ
🕐 烹饪时间 25 分钟

＊汤汁要事先冷却。

❶ 烹调准备
将鱼糕切成 5 cm 宽，香菇去蒂后切薄片，鸭儿芹去根后一根一根打结，最后将鸡胸肉按 7~8 mm 厚度片成薄片，撒上盐。

❷ 制作蛋液，放入容器中
将 A 中用料混合搅拌，然后在盆中打散（40~50 次，参照第 62 页）鸡蛋后，将搅拌好的 A 用料一点一点加入搅拌，然后用漏网过滤出蛋液，这样蛋液就做好了。最后将步骤 1 中的用料（除了鸭儿芹）放入耐热性好的容器中，加入蛋液。

❸ 开始蒸
往稍大的蒸锅中倒入 2 cm 深的水，然后放入步骤 2 中做好的用料，中火加热。水煮开后将包好布的锅盖盖上，大火蒸 1~2 分钟。蛋液变白后调至小火，稍微挪开锅盖，再蒸 5~7 分钟凝固后取出，放上鸭儿芹。

【 茶碗蒸 / 鸡蛋羹 】

其中放有鸡肉、鱼糕、香菇。
它们和鸡蛋、汤汁很般配，组合起来便成了一道色香味俱全的菜式。

"煮" 的基础知识

根据食材或切法的不同，"煮"的烹饪方法也不同，比如有"从冷水开始煮""用热水煮""煮后放入冷水中""放漏网上煮"等。弄清楚不同的煮法对烹饪来说很重要。下面让我们来一起踏踏实实地学习吧。

从冷水开始煮 ···· 用热水煮 ·······

● 红薯等根茎类的蔬菜要慢慢煮

将红薯等根茎类的蔬菜放入锅中，倒入刚好没过的水，开中火加热（左图）。煮开后调至小火，盖上盖子继续煮（右图）。从冷水开始煮，煮好的食材会松软热乎、口感柔软。

● 肉块要慢慢煮

将肉块放入锅内后，倒入刚好没过的水（约1 L），开中火加热。然后加入酒和酱油，可以减少肉腥味。

● 蒸煮豆芽

将豆芽放入锅中后，倒入刚好没过的水，盖上盖子用大火加热，煮开后立即关火，这样可以保留豆芽的嚼劲。

● 青菜从根部开始放入

煮青菜的时候，将足量的水倒入锅中煮开，接着用长筷夹住青菜，先将其根部放入锅中，约10秒后全部放入。这样既可以将不容易煮熟的菜根煮熟，又可以防止菜叶煮过头。煮过后蔬菜出现浮沫可以用水冲掉，不需要加盐。

● 煮出清脆的蔬菜

切成丝后的牛蒡、胡萝卜还有生菜等容易煮熟的菜，只需要煮一下就好了，而且口感会很好。

● 放盐

煮芦笋、西蓝花和荷兰豆这类涩味很少的蔬菜时，可以先往热水里放盐再煮。盐量以每升水1~2小勺盐的比例为基准。用平底锅来煮芦笋这类细长的菜会很方便，放入盐可以使菜略带咸味。

● 撒上盐后放入

豆角、秋葵和毛豆这类蔬菜，先撒上盐再放入热水里煮。这样一来，表面的盐能很好地渗入菜里。

Q 煮青菜时，为什么要用满满的水来煮呢？

降低温度 ⋯⋯⋯→ 取出食材拭去水分 ⋯⋯⋯⋯→

○ 将切成薄片的肉煮软

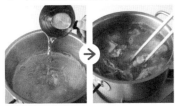

煮薄肉片时用 80~85 ℃的热水煮能将其煮软。按每 5 杯（1 L）热水、1 杯冷水的比例加水（左图），放入肉后关火，边用筷子轻按肉片，边用余热加热（右图）。

○ 用小火慢慢煮肉块

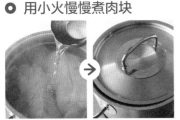

煮肉块时，水开后倒入冷水（左图）。调至小火，并将锅盖移开一些放走热气（右图）。

○ 煮鱼贝类

煮乌贼和虾时，放到热水里后立刻关火，边搅拌边用余热加热，这样肉质不会变硬。

○ 检查软硬

煮根茎类蔬菜时，用竹签扎一扎，如果能轻松扎入则说明煮好了；如果还硬，就再煮 2~3 分钟。

○ 将涩味淡的蔬菜放在漏网上

芦笋、西蓝花和豌豆这类涩味淡的蔬菜，煮好后立即放到漏网上摊开冷却。

○ 将肉放在漏网上

做冷涮肉时，将煮好的肉放到漏网上冷却。如果将肉放入冷水里冷却会使脂肪变硬、口感变差，肉也会变紧、变硬。

○ 放入凉水中

煮有涩味的青菜时，煮过后立即放入冷水中冷却。迅速放入凉水中可以使菜色更鲜艳，也能去除涩味。

○ 挤去水分

将放入冷水冷却后的青菜菜根并齐竖拿，从根部开始一点一点轻轻挤干。请注意，用力要轻，否则会挤掉青菜的风味。

从冷水开始煮

○ 开水煮鸡蛋

1 将鸡蛋恢复至常温，在锅中倒入 4 杯水煮开后调至小火，接着放入半小勺盐和 1 小勺醋混合。盐可以防止鸡蛋在煮的时候开裂，醋能防止万一蛋壳裂开后流失蛋清。

2 用汤勺将鸡蛋一个个轻轻放入锅中。

3 将鸡蛋全部放入后，按个人喜好设置加热时间。

4 到时间后，取出鸡蛋放入冷水中。突然冷却能使蛋壳更容易剥开。

5 待鸡蛋充分冷却后再放入锅中，加入半杯到 1 杯冷水，盖上锅盖后摇晃 3~4 下使蛋壳开裂。

6 找到蛋壳裂开的地方用大拇指剥开。因为蛋白和蛋壳间有水，所以能很轻松地剥开。

煮的时间

6 分钟

蛋黄略生呈浓稠状态。

8 分钟

蛋黄呈黏稠状态，鸡蛋半熟。

10 分钟

蛋黄已凝固，但还有些软。

12 分钟

蛋黄完全变硬，鸡蛋熟透。

○ 温泉蛋（4~6 个鸡蛋）

1 将鸡蛋恢复至常温，在锅中倒入 5 杯水煮开后关火，加入 1 杯冷水。

2 将鸡蛋用汤勺一个个轻轻放入，盖上盖子放置 30~35 分钟。之后取出自然放凉。这样做出来的鸡蛋可以在冰箱中保存 3~4 天。

酱汁温泉蛋

完成！

将温泉蛋打入容器中，按照 3 : 1 的比例加入汤汁（参照第 98 页）和酱油混合。

Q 煮鸡蛋时，为什么要等水煮开后再放鸡蛋？直接用冷水不行吗？

意大利面·面的煮法和冷却法

◎ **意大利面（实心面）**

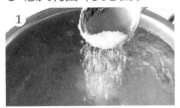

1
往稍大的锅里放满热水，煮开后调至中火，加盐。盐的量按热水的1% 放入（2 L 水放 1 大勺盐）。

2
将意面抖开放入，用夹子使面没入水中。

3
煮的时间要比包装上写的时间短2分钟。因为可以用余热来煮出稍硬的面。

4
面变软后大幅搅拌，可以防止面粘住。再次煮开后将火调至不溢锅的大小。

◎ **荞麦面（挂面）**

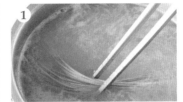

1
往稍大的锅里放满热水（面的10 倍），煮开后放入面，用长筷搅拌。

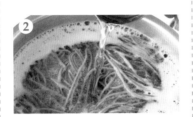

2
再次煮开后调至中高火，煮大约6分钟（或按照包装上写的时间）。如果出现溢锅，再倒入半杯水。

3
将面盛到漏网上滤去热水。然后立刻连漏网带面放入冷水中，再迅速捞起。

4
打开水龙头冲面，边冲边用手轻轻揉洗掉黏液，最后拿起漏网上下摇晃滤去水分。

◎ **乌冬面（冷冻乌冬）**

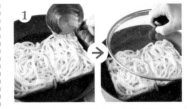

1
将冷冻乌冬面直接放入平底锅中，倒水入锅浸没一半的面（左图），之后盖上盖子大火加热（右图）。

2
当盖子上出现很多水蒸气并煮开后，打开盖子用长筷搅散乌冬面，然后盛至漏网上滤去热水。

3
和荞麦面一样，用冷水冲洗冷却后滤去水分。

◎ **挂面**

和荞麦面一样，放入热水里后搅拌，煮 1~2 分钟。然后滤去热水，用冷水冲洗冷却，滤去水分。

Ⓐ 虽然也有直接用冷水的方法，但是冷水的温度会因为季节而不同。而煮开的热水温度稳定在 100 ℃上下，所以不容易失败。

【芦笋温泉蛋】

盐煮后的芦笋，无论是色泽、口感还是香味都非常棒。以温泉蛋代替调味汁，作为早餐也是一个不错的选择。

用料（2 人份）
绿芦笋…1把（4~6根）
温泉蛋
（参照第86页）…2 个
盐…适量
芝士粉…适量
黑胡椒粉…少许
橄榄油…适量

🗑 1 人份含 419 kJ
🕐 烹饪时间 10 分钟
＊不含煮开水和冷却芦笋的时间。

❶ 烹调准备
稍微切掉芦笋根部，然后用剥皮器将下半截的皮剥去。

❷ 开始煮
往锅里倒入 5 杯水煮开，之后加入 2 小勺盐。放入芦笋煮 2 分钟左右后，盛至漏网上冷却。

❸ 装盘
将芦笋切成两段，装入盘中。敲开鸡蛋放上，最后撒上少许盐、芝士粉和黑胡椒粉，淋上橄榄油。

【黄油拌豆芽玉米】

迅速煮好的豆芽的甘脆，加上玉米的甘甜和黄油的香醇，实在是一道美味的好菜。

用料（2 人份）
豆芽…1袋（200 g）
玉米粒（罐装）
…约3 大勺（50 g）
黄油…10 g
酱油…2 小勺
黑胡椒粉…少许

🗑 1 人份含 335 kJ
🕐 烹饪时间 10 分钟

❶ 烹调准备
充分地冲洗豆芽 4~5 分钟，之后盛至漏网上滤去水分。玉米粒也滤去汁水。

❷ 开始煮
将豆芽放入锅中，加入没过豆芽的水（约 2 杯半），盖上盖子，大火加热。煮开后关火，将豆芽盛至漏网上滤去水分。

❸ 装盘搅拌
将豆芽放入碟中，趁热放上玉米粒、黄油、酱油和黑胡椒粉搅拌。

Q 为了使煮过的芦笋不冷掉，装盘前一直放在锅里可以吗？

【葱拌鱿鱼】

刚煮好的鱿鱼的余温能使葱变软。
淡淡的葱香味和芝麻油的香味会让你回味无穷。

用料（2 人份）
生鱿鱼（大）
…1 只（约 300 g）
葱…半把（50 g）

A
芝麻油…2 大勺
醋…1 大勺
盐…1 小勺
砂糖…1 小勺

🗑 1 人份含 921 kJ
🕐 烹饪时间 15 分钟
＊不含煮开水的时间，鱿鱼选用可生吃的。

❶ 烹调准备
去掉鱿鱼的触角和内脏。触角两个两个地切，躯干按 1.5 cm 宽切成圆圈（参照第 54 页）。

❷ 给葱调味
将葱切碎放入盘中，加入 A 用料搅拌混合。

❸ 煮好后搅拌
将锅里的 2 L 水煮开后，放入鱿鱼，立刻关火。用余热边煮边搅拌 2 分钟左右，之后盛至漏网上滤去水分，最后将鱿鱼放入步骤 2 的盘中。

用料（2 人份）
猪里脊肉（涮食）
…200 g
面粉…2 大勺
生菜…4 片
豆芽…半袋（100 g）
葱花豆瓣酱

葱…三分之一根
酱油…3 大勺
醋…2~3 大勺
芝麻油…1 大勺
砂糖…2 小勺
豆瓣酱…1 小勺

🗑 1 人份含 1674 kJ
🕐 烹饪时间 10 分钟
＊不含煮开水、冷却的时间。

❶ 烹调准备
将生菜撕成一口能吃下的大小，豆芽用水冲洗 4~5 分钟后滤去水分。将猪肉放入盆中，裹上面粉。

❷ 开始煮
往锅中倒入 5 杯水，煮开后放入生菜和豆芽，煮 20 秒左右。关火，用夹子夹起盛至漏网滤去水分。然后用大火加热锅内的热水至烧开，倒入 1 杯冷水。然后放入猪肉，关火，用长筷边搅散猪肉边用余热煮 2~3 分钟，煮熟后盛至漏网冷却。

❸ 装盘
葱花切碎后放入盆中，和制作葱花豆瓣酱的其余用料搅拌。最后将蔬菜和猪肉装盘，淋上做好的葱花豆瓣酱。

【葱汁猪肉焯蔬菜】

煮完蔬菜后接着煮猪肉。
蔬菜煮得很爽口，而温度适中的猪肉，会带来鲜嫩的口感。

"拌"的基础知识

虽然并不是有高难度技巧的烹饪方法，但也会对料理的味道起到决定性作用。比如拌的时机和顺序等细节之中，隐藏着提升美味的秘诀。

预先调味

◎ 给青菜淋酱油

在做味噌拌青菜（小白菜、菠菜）时，青菜煮过后先挤去水分，再浇上酱油。

◎ 蘸满酱油后再拧

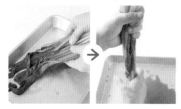

用手一边拨散青菜一边蘸上酱油（左图）。如果切好后再蘸酱油，酱油会从断面渗入，导致青菜变咸。将青菜根叶交错拢成一把，竖着拿轻轻拧一拧（右图）。交错着拧会使味道渗入得更为均匀。

◎ 蘸调味醋（如甜醋、三杯醋等）

做醋拌凉菜时，预先给黄瓜蘸上少量调味醋，这样更入味，也能使黄瓜变软。

◎ 蘸油

做沙拉感的凉拌菜时，在菜的表面涂一层油后，再用调味料搅拌，这样可以防止水分流失，并能保持菜的新鲜。

◎ 趁热蘸调味汁

做土豆沙拉时，煮好土豆并去除水分后，趁热加入少量调味汁，蘸满后搁置冷却。

◎ 趁热蘸调味料

处理难入味的牛蒡时，煮好去除水分后，趁热蘸上事先准备好的调味料。

↓

可以将牛蒡拨散开，贴到盆的侧边来冷却。牛蒡变凉后味道就渗入其中了。

Q 感觉预先调味有点麻烦……可以最后一次性放进去再充分搅拌吗？

→ 制作拌料 ·········→ 开始拌 ·····························→

⊙ 制作干拌料

将豆腐放在带柄的漏网上，然后用胶铲按压过滤。过滤后的豆腐口感会更嫩滑。

↓

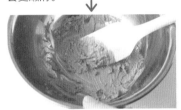

然后用胶铲搅拌芝麻酱，会闻到芝麻的香味。

↓

加入调味料和芝麻酱搅拌之后，再加入之前捣好的豆腐继续搅拌，这样更容易混合。

⊙ 炒芝麻

用芝麻粉制作芝麻拌料时，将芝麻粉放入锅中用中火加热并不停搅拌，颜色变深、散发出香味后关火。为了避免被余温烤焦，应立即将做好的芝麻拌料移至盆中冷却。

⊙ 用长筷拌

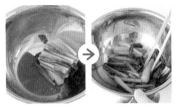

在盆里混合好调味料后放入青菜等（左图），接着用长筷边拨散青菜边搅拌（右图）。

⊙ 用胶铲拌

像干拌料、糊状食品这类拌料，在用胶铲拌时，可以边拌边刮去盆侧边粘上的拌料。

⊙ 用手边揉搓边拌

在拌粗纤维且不容易入味的蔬菜时，可以用手边揉搓边搅拌。这样更容易入味，也能使菜更柔软、更好吃。

⊙ 分两次拌

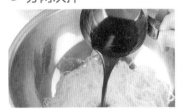

做粉丝沙拉时，先将粉丝泡发，然后控去水分，给粉丝浇上一半调味汁，然后用手搅拌混合。

↓

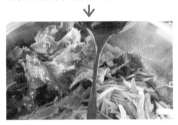

搅拌至调味料渗入并且水分消失后放入蔬菜，再将剩下的调味汁倒入搅拌。

⊙ 最后加入芝麻

炒过的芝麻很容易吸收调味料，所以应在调味料被蔬菜很好地吸收后，再加入芝麻较好。这样也能使芝麻味更香。

Ⓐ 预先调味可以使味道渐渐渗入，更加好吃。可以试着和未预先调味的料理的味道对比一下。

【酱拌小白菜】

酱油的咸味和独特的风味慢慢渗入菜中。
黄芥末淡淡的香辣味在菜中扩散开来，实在是
上等的享受。

用料（2 人份）
小白菜…1 把（200 g）
酱油…1 大勺
A [黄芥末…半小勺
    酱油…1 小勺]

🗑 1 人份含 84 kJ
🕐 烹饪时间 10 分钟
＊不含煮开水和浸泡小白菜的
时间。

❶ 烹调准备

在小白菜的根部切花刀，
然后放入冷水中浸泡 15
分钟左右，这样能使小白
菜口感清脆。

❷ 开始煮

往锅中倒入 7~8 杯水，煮
开后将小白菜下半截先浸
没入锅，煮 10 秒左右后
再将其全部浸没。水再次
煮开后继续煮 20 秒左右，
然后取出放入冷水中。

❸ 预先调味

轻轻挤去小白菜的水分后
放入盆中，淋上酱油搅
拌。之后将菜分成两把，
轻轻挤去水分后，按 5~
6 cm 长度切开。

❹ 开始拌

将 A 用料放入碗中好好混
合，之后放入步骤 3 中调
好味的小白菜再次搅拌。

用料（2 人份）
嫩豆腐…半块（150 g）
西蓝花…半个（150 g）
盐…2 小勺
A [花生酱…3 大勺
    砂糖…1 大勺
    酱油…1 小勺
    黄芥末…1 小勺]

🗑 1 人份含 1088 kJ
🕐 烹饪时间 10 分钟
＊不含煮开水和冷却的时间。

❶ 开始煮

将西蓝花摘分为小块。
然后往锅内倒入 5 杯水
煮沸，接着加入盐和西
蓝花煮 2 分钟左右。煮好
后将西蓝花盛至漏网上
冷却。

❷ 制作拌料

将豆腐切分成 4 等份后放
入带柄的漏网里，接着用
胶铲按压过滤豆腐，过滤
好后放入碗中。然后将花
生酱倒入另一个碗中，用
胶铲好好搅拌后加入 A
用料中的其他用料，继
续搅拌。最后加入豆腐再
搅拌。

❸ 开始拌

将步骤 1 中处理好的西蓝
花放入步骤 2 做好的拌料
中搅拌。

【白拌西蓝花】

一道有嫩豆腐和花生酱的嫩滑香浓的菜。
蔬菜用豆角、胡萝卜或青菜也可以。

Ⓠ 像黄芥末拌菜和麻酱拌菜这类常见的拌菜，可以一次性做很多然后保存起来慢慢吃吗？

【芝麻拌豆角】

用市场上卖的芝麻来做芝麻拌菜会很简单。
豆角配上炒得喷香的芝麻，富有风味的一小碟
拌菜就完成了。

用料（2 人份）
豆角…150 g
盐…1 大勺
白芝麻…3 大勺

A ┌ 砂糖…2 小勺
  ├ 味噌…1 小勺
  └ 酱油…1 小勺

🗑 1 人份含 712 kJ
🕐 烹饪时间 10 分钟
＊不含煮开水和冷却豆角、
芝麻的时间。

❶ 烹调准备
将豆角整个裹上盐后揉搓
1 分钟左右。将 3 杯水倒
入锅中煮开后，放入裹着
盐的豆角，用中火煮 2~3
分钟。最后将豆角盛至漏
网上冷却。

❷ 炒芝麻
往平底锅里放入芝麻，用
中火加热，不停地用木铲
搅炒。芝麻颜色变深且香
味四溢后关火，将其盛至
碗中冷却。

❸ 开始拌
切掉豆角的蒂部，然后切
成 3 等份。之后往碗里放
入 A 用料搅拌，搅拌好
后放入切好的豆角继续搅
拌。最后加入步骤 2 中
处理好的芝麻再次搅拌。

用料（2 人份）
煮好的章鱼须…100 g
黄瓜…2 根
盐…2 小勺
生姜…半片
调味醋
┌ 醋…3 大勺
├ 砂糖…1 大勺
└ 盐…半小勺

🗑 1 人份含 335 kJ
🕐 烹饪时间 10 分钟
＊不含给黄瓜蘸调味醋的时间。

❶ 烹调准备
给黄瓜撒上盐后将其
放在菜板上搓滚（参照
第 28 页）。之后用水冲
洗并拭去水分，然后按
2 mm 宽度横切，切好
后放入碗中。接着往另一
个碗里放入调味醋的用料
好好搅拌，搅拌好后盛
半大勺的量倒入装有黄
瓜的碗中充分搅拌，之
后放置 10 分钟左右。将
章鱼斜着入刀切成 7~
8 cm 厚的片。生姜剥皮
后切丝。

❷ 开始拌
轻轻挤去黄瓜的水分，然
后放入另一个碗中，接着
加入章鱼和酱油，最后倒
入剩下的一半调味醋，好
好搅拌。

【黄瓜醋拌章鱼】

调味醋淡淡的咸味和生姜独特的辛辣味搭配在
一起，清爽至极。

"煮饭"的基础知识

如今碾米技术进步，已经不需要使劲磨米了。但还是有需要注意的地方，如为了不带异味，要麻利地除去水分，为了不让米裂开要轻轻地洗等。下面我们来学习怎样煮出好吃的米饭吧。

怎样洗米

1 迅速洗一洗表面

往稍大的盆里倒入充足的水，接着放上盛着米的漏网（左图）。稍微搅拌一下米，迅速洗一洗后马上把水倒掉（右图）。如果将米一直泡在水里，米会有糠的味道，所以要将水尽快倒掉。

2 洗

将盛在漏网里的米倒入盆中，放入浸没过米的水，用双手揉搓米轻轻地洗，水变混浊后倒掉水再加水洗，反复3~4次。

3 涮洗

用流水涮洗米，边涮洗边摇晃漏网，使所有米粒都能被水冲到。

4 甩去多余水分，让米吸收水分

大幅晃动漏网滤去水分，然后放置30秒左右，让米吸收周围的水分。将漏网斜着放可以更快地滤去水分。

用量米杯量米

180 ml 量米杯

与电饭锅配套的量米杯是180 ml的，这是因为它是以历史计量单位"合"（一勺，180 ml）为标准的。"合"已经固定作为计量米的单位，电饭锅上的刻度也是以"合"为单位来计量米的。普通的量杯一般都是200 ml的，注意不要弄混了。

水量

◉ 加和米等量的水

 +

米 180 ml（1合）　　　水 180 ml

煮普通的米饭时，加入和米等量的水来煮，煮出的米饭嚼劲恰到好处。

◉ 加稍少的水

  +

米 180 ml（1合）　　　水 150 ml

在煮掺调味料和其他食材的米饭时，少加一些水，煮出来的米饭会硬一些。

◉ 加满满的水

 +

米 90 ml（半合）　　　水 900 ml

煮粥时的水量决定了米的柔软度，放入米的10倍量的水能煮出普通的五分粥，煮好后粥会变成米的8~9倍量。用米的5倍量水煮的粥称为全粥，用米的7倍量水煮的粥称为七分粥，用米的20倍量水煮的粥称为三分粥。

煮饭的方法

⬤ 通常的煮法

往电饭锅内胆里放入米和水，打开开关开始煮。只要按照电饭锅的说明书来做就好了。

⬤ 加色拉油煮

做寿司饭的时候，往电饭锅内胆里放入米和水之后，再放入少量的色拉油，搅拌后再煮，这样煮出来的米饭会很松软。

⬤ 加盐煮

做饭团时，往电饭锅内胆里放入米和水之后，再放入少量的盐，搅拌后再煮。这样煮出来的米饭会带有咸味，省去了捏饭团时在手上放盐的工序。

⬤ 放上菜码

在煮掺调味料和其他食材的米饭时，先往水里放入调味料，搅拌好后再倒入电饭锅中，这样能使味道更均匀。

菜码平铺在米饭的上面。如果菜码和米饭混合起来煮，会导致热量不能均匀地传递，煮出来的米饭很容易夹生。

⬤ 用锅煮粥

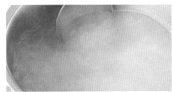

煮粥的时候很容易溢锅，所以用稍大些的锅来煮。往锅内放入米和水，煮开后大幅搅拌，防止粘锅。

稍微挪一挪锅盖，边放走水蒸气边用小火慢慢地煮，这样可以煮出黏糊糊的粥。

寿司饭的做法

将寿司醋的材料好好搅拌好后加入砂糖和盐溶解。这样饭能更好地吸收寿司醋并且味道均匀。

将刚煮好的米饭放入稍大的盆中，趁热画圈式地浇上寿司醋。如果等饭凉了再浇醋，醋会很难渗入米饭中。

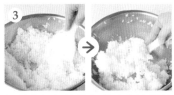

竖着拿饭勺边做切的动作边搅拌（左图），时不时从底部将饭舀起上下翻面（右图）。重复上述动作4~5次后，浇上寿司醋搅拌。

将米饭铺开贴到盆内侧，接着在饭上盖上浸湿的厨房纸巾，最后轻轻地封上保鲜膜。冷却到只有一点热度（大概与体温相同）后，米饭会很好吃而且不硬。

盛饭时为了避免米饭粘在勺上，可以在勺上蘸些水，分2~3回盛。中间盛得高一些，盛好后不要压米饭，这样会使米饭看起来很松软。 **095**

【 三角饭团 】

如果掌握了手该用什么形状捏的技巧，就能轻松地做出三角饭团。
因为在煮饭时就加入了盐，所以只要捏好就能做出咸味刚刚好的美味饭团了。

用料（7~8 个饭团）
米饭
┌ 米…360 ml（2 合）
│ 水…2 杯（400 ml）
└ 盐…半小勺
梅干…7~8 个
海苔片（整片）…约 1 片

🗑 1 个饭团含 586 kJ
🕐 烹饪时间 20 分钟

＊不含煮饭和将米饭盛在漏网
上的时间。

❶ 烹调准备

提前 30 分钟将米洗好，盛至漏网
上。往电饭锅内胆里放入米、适量
的水和盐，搅拌后开始煮。梅干去
核。用厨用剪刀将海苔片剪成 4 等
份后再分成两半。

❷ 将米饭盛入饭碗中

在饭碗里垫上保鲜膜，接着放入
80~100 g 的米饭，在中间放上一
个梅干轻轻按压，最后在梅干上再
放少量米饭。

❸ 开始捏

用保鲜膜包住米饭紧紧拧好，然后
轻轻地捏。如果饭很热的话可以再
包上一层布。放在下面的手轻轻地
捏平饭团，放在上面的手将饭团粗
略地捏成三角形。剩下的饭也是同
样的捏法。

❹ 调整下形状，包上海苔

当米饭变到可以用手直接触碰的温
度时，将保鲜膜拿掉。用水蘸湿双
手，下面的手捏好饭团的宽度，上
面的手弯成"く"形，捏出漂亮的
尖角。然后用手掌轻轻按压，调整
一下形状，将饭团捏成三角形，最
后在饭团底部包上一片海苔。

Q 在饭团里包梅干和干柴鱼这些感觉好没创意啊，有什么其他有新意的吗？

【海鲜什锦寿司】

做好美味的寿司饭后，放上生鱼片。
不需要任何技巧，就可以让寿司饭华丽转型。

用料（2~3 人份）
米饭
  米…360 ml（2 合）
  水…1 杯半（300 ml）
  色拉油…半小勺
寿司醋
  醋…3 大勺
  砂糖…1 大勺
  盐…1 小勺
生鱼片拼盘
（金枪鱼、鲷鱼、章鱼）
…250~300 g
海苔片（整片）…2 片
青紫苏…适量
绿芥末…适量

🗑 1 人份含 2093 kJ
⏱ 烹饪时间 15 分钟
＊不含煮饭、盛米和冷却寿司
饭的时间。

❶ 煮饭
提前 30 分钟将米洗好，
盛至漏网上。往电饭锅内
胆里放入米、适量的水和
色拉油，搅拌后开始煮。

❷ 制作寿司饭
先混合好寿司醋的用料。
将煮好的饭盛至稍大的碗
中，画圈式地倒入寿司
醋。接着用饭勺边做切的动作
边打散米饭搅拌，然后在
饭上盖上浸湿的厨房纸
巾，再轻轻罩上保鲜膜冷
却至与体温相同的温度。

❸ 装盘
用手将海苔撕成小片，将
寿司饭盛至器皿中后撒
上海苔片，再放上青紫苏
点缀，将生鱼片放在青紫
苏上。最后挤上绿芥末。

【黏糊糊的五分粥】

小火慢煮的五分粥口感顺滑。
品尝这简洁的美味。

用料（4~5 碗）
米…90 ml（半合）
水…4 杯半（900 ml）
梅干…适量

🗑 1 人份含 251 kJ
⏱ 烹饪时间 50 分钟

❶ 洗米
将米洗净，盛至漏网，滤
去水分。

❷ 煮饭
将米放入锅中，加入适量
的水用中火加热。煮好
后大幅搅拌 1~2 次，然
后稍稍挪开锅盖。接着
用小火继续煮 30~40 分
钟，这期间边煮边搅拌
2~3 次。

❸ 装盘
将粥盛至器皿中，然后
放上去核的梅干。

Ⓐ 可以尝试巧妙地组合加工品，如海苔佃煮 + 奶酪 + 小干白鱼，香肠 + 榨菜等。

"提取汤汁"的基础知识

汤汁的提取方法

从海带和柴鱼片中提取出的汤汁适用于各种各样的料理，属于万能型。从鸡翅中提取出的鸡汁使用简便，是经典派。提取汤汁是日本料理的基础，下面让我们来掌握它并享受它的香醇美味吧。

用料（约5杯）
海带…10 g（10 cm×20 cm）
干柴鱼片／柴鱼…15~20 g
水…5 杯半

🗑 全量 293 kJ
⏱ 烹饪时间 10 分钟
＊不含浸泡海带的时间。

◉ 海带

使用市场上卖的提取汤汁用的海带。"日高昆布"等很薄的海带能在提取汤汁后继续有效利用。

◉ 柴鱼片

除提取汤汁用的大块柴鱼片（见图）外，也可以用小袋装的小块干柴鱼片。只要是新鲜的柴鱼片，煮出的汤汁都会非常香而且没有异味。

1 浸泡海带

往锅内倒入5杯水，放入海带，浸泡30分钟左右。

2 用中火煮

开小火慢慢煮，煮至锅里咕嘟咕嘟地响为止。

3 取出海带

煮至整个海带起泡后取出。如果煮沸了的话，海带会带有异味和黏液，所以请注意。

4 调节温度

暂时调至大火煮开（左图）。加入半杯水（右图），关火。

5 放入柴鱼片

放入柴鱼片。

浸泡2~3分钟。用80 ℃左右的热水泡，提取出的汤汁不会有异味，并且香气和味道都会很好。

6 用漏网过滤

在漏网上垫上厨房纸巾，接着将漏网放在碗上，慢慢过滤出汤汁。

7 轻轻挤

用长筷将厨房纸巾折好，边拿起漏网，边用长筷轻轻按压并轻轻挤一挤厨房纸巾，如果太用力挤会出现异味。

Q 有只提取少量汤汁的方法吗？

大功告成！

保存
将汤汁装入塑料瓶等易装的密封容器中，放入冰箱。请在 2~3 天内用完。

鸡汁的提取方法

用料（4~5 杯）
鸡翅…6 只
生姜…1 片
葱绿部分…1 根
酒…2 大勺
水…6 杯

🗑 全量 1842 kJ
🕐 烹饪时间 30 分钟

大功告成！

保存
鸡汁变凉后会变成果冻状，可将鸡汁装入大口的密封容器中，放入冰箱保存，最好在 2~3 天内用完。

提取汤汁后的海带和柴鱼片的再利用

海带柴鱼片当座煮

用料（2 人份）
提取汤汁后的全部海带和柴鱼（参照第 98 页），葱 1 根，汤汁（酱油、味啉、醋各 1 大勺，色拉油 1 小勺，三分之二杯水）

1　将海带切成 2 cm 见方的方形，将柴鱼片粗切成小块，将葱从一端切成 1 cm 长。
2　往锅中放入汤汁的用料后用中火加热，煮开后放入步骤 1 的用料，煮 8~10 分钟，其间时不时地搅拌一下。

1 人份含 419 kJ
烹饪时间 15 分钟

---

1 预先处理鸡翅
用水洗净鸡翅后控去水分，并用厨房纸巾拭去水分。皮较厚的一面朝下，用厨用剪刀沿着骨头剪口（参照第 44 页）。

2 中火加热

生姜剥皮后切成薄片。往锅中倒入适量的水，接着放入鸡翅、生姜、葱和酒，中火加热。

3 除去浮沫

煮开后用汤勺撇去浮在表面上的浮沫。第一次出现浮沫时就将它撇去，之后就不那么容易出现浮沫了。

4 小火煮

调至小火，煮 20 分钟左右后关火，取出葱和生姜。鸡翅可以放在里面，也可以取出再利用。

Ⓐ 将 1 杯多点的水和 1 袋柴鱼片（5 g）放入小锅，中火煮开后再煮 1 分钟左右，然后滤汁。这样就可以提取出大约 1 杯的汤汁了。

【 滑子菇味噌汤 】

口感滑溜溜的滑子菇充满了魅力。
加入味噌后关火不煮透，充分发挥味噌的风味。

用料（2 人份）
滑子菇…1 袋（100 g）
汤汁（参照第 98 页）
…2 杯
味噌…2~3 大勺
鸭儿芹…少许

🗑 1 人份含 193 kJ
🕐 烹饪时间 5 分钟

❶ 烹调准备
将滑子菇盛至漏网上，放入
水中轻轻洗净后拿起漏网滤
去水分。

❷ 开始煮
往锅里倒入汤汁，中火加热。
将洗好的滑子菇放入锅中。

❸ 溶解味噌
将味噌放在带柄的漏网上，
在步骤 2 快要煮开之前放入
锅中，边溶解味噌边将其滤
入锅中，全部溶解后关火。
然后将煮好的汤盛入器皿中，
撒上切成 2 cm 长的鸭儿芹。

【 鸭儿芹面筋汤 】

适度使用调味料且不喧宾夺主的菜码，提升了
汤汁的美味和香味。
用来招待客人也是不错的。

用料（2 人份）
汤汁（参照第 98 页）
…2 杯
A ⎡ 味啉…1 小勺
  ⎢ 盐…四分之一小勺
  ⎣ 酱油…少许
烤面筋团…6 个
鸭儿芹…6 根

🗑 1 人份含 84 kJ
🕐 烹饪时间 5 分钟

❶ 烹调准备
鸭儿芹去根后切成
3 cm 长的段。

❷ 开始煮
将汤汁放入稍小的锅
中，中火加热，煮开
后往锅里放入烤面筋
团，再煮 30 秒左右。

❸ 装盘
将煮好的汤倒入器皿
中，撒上鸭儿芹。

Ⓠ 提取过鸡汁后的鸡翅要怎么处理才比较好吃？

【鸡汁挂面】

温热的挂面又被称为"煮面",是煮挂面时直接倒入鸡汁煮就行的一道简单料理。
因为挂面中含盐分,要注意盐量。

用料(2人份)
鸡汁(参照第99页)…全量
挂面…2把(100 g)
鸭儿芹…半把
葱…半根
白芝麻…1大勺
酱油、芝麻油…适量

🗑 1人份含1842 kJ

🕐 烹饪时间30分钟

＊用6只鸡翅来提取汤汁就行。

1 烹调准备
鸭儿芹去根后切成3~4 cm长的段,将葱切半后斜着切丝。

2 煮挂面
用中火加热鸡汁,煮开后直接放入挂面,煮3~4分钟。挂面煮软后关火。

3 装盘
将步骤2中煮好的面倒入器皿中,撒上鸭儿芹、葱和芝麻。最后按自己的喜好加入酱油和芝麻油调味。

Ⓐ 可以试试除去骨头后将鸡肉弄散,加上调味汁或蛋黄酱搅拌,也可以加入"和风黑高汤"(第152页)或"万能蒜香酱油"(第153页)凉拌。

容易理解错的 "料理用语"

有时食谱里出现的一些词语会有些
难懂呢。
下面让我们来学习一下，
并在做饭时灵活运用吧。

敏子尴尬剧场①
"一口大小"篇

你们把嘴巴张开一下。

嗯?

啊——

妈妈的嘴巴张得最大是吧?

这个……

好厉害!

这就是我们家的一口大小哦。

⊙ 切成一口大小

是指切成大概能一口吃下的大小。虽然没有什么特别规定，但是按2~3 cm 为准切成统一的形状和大小比较好。

⊙ 切成容易入口的大小

虽然每种食材都不同，但是按一口或两口能吃下的大小为准，切成统一的形状和大小比较好。

⊙ 适量

这个词是指按照情况选择适度的量，根据食材或工具的大小，选择的量也会不同。有时也会看到如"充足""2 cm 深"等词。还有酱油和香辛料这种蘸着吃的调味料，可以按照自己的喜好来选择。

⊙ 少许

"盐少许"是指能用拇指和食指捏住的分量，或者根据状况来判断（参照第 13 页）。胡椒和盐一样，也可以根据自己的喜好来调节。其他的调味料不要放得太多，根据情况判断放多少。

⊙ 1 片

蒜指 1 小瓣的意思。生姜指的是与拇指第一关节差不多大的大小。两者都是 10 g 左右。

一片蒜

一片生姜

⊙ 1 腹

是用来数鳕鱼子和辛子明太子的量词。1 腹指 2 条，因为鳕鱼子是 1 腹里有 2 条，所以按 2 条一组来数。注意不要弄混 1 腹和 1 条。

⊙ 冷水

是指温度低的水。由于自来水的温度在不同季节都不一样，所以在气温较高时，每 1~2 L 水里应放 2~3 块冰块。

⊙ 去粗热

是指将加热后的食物冷却至能用手触碰的温度。如果完全冷却，在接下来的工序中可能会遇到麻烦，所以不要冷却过度。

第 **4** 堂课

掌握人气菜单

在掌握了基本的技巧之后，终于要付诸实践了。
我们要做的是被点得最多的人气菜单。
全部掌握的话，你就迈入料理达人的圈子了！
如有疑惑，请温习一下前三堂课。

肉的人气菜谱

肉是平时一日三餐乃至特殊日子宴请宾朋时的重头戏。肉料理一直都是餐桌上的主角。下面让我们来学习并掌握提升美味度的秘诀，参考配菜的搭配和装盘，让自己的拿手菜菜单丰富起来吧。

【 姜烧猪肉 】

说到猪肉，就必须要说这道招牌菜了。
生姜的独特风味和最后裹上的砂糖的芳香，更衬托出了猪肉的鲜美。

用料（2 人份）
猪肩肉（肉片）…200 g
洋葱…半个
调味汁
┌ 生姜…2 片
│ 酒…2 大勺
└ 酱油…1 大勺
淀粉…2 小勺
色拉油…1 大勺
砂糖…1 大勺
小西红柿…4 个
绿叶菜或者生菜…适量

🍚 1 人份含 1632 kJ
🕐 烹饪时间 15 分钟

❶ 烹调准备
洋葱沿着纤维切薄片。生姜去皮后磨碎，然后将磨碎的生姜和调味汁组中剩下的用料搅拌混合。给猪肉裹上淀粉。

❷ 开始煎
将色拉油倒入锅中用中火加热，放入步骤 1 中准备好的猪肉，再在猪肉的周围放上洋葱，煎 2~3 分钟。煎至肉边缘发白后上下翻面。

❸ 调味
关火，空出锅的中间部分，浇上步骤 1 中准备好的调味汁。中高火加热，边上下翻面边煮 1 分钟左右，直到水分变少为止。再次空出锅的中间部分，放入砂糖用长筷搅溶，待砂糖变为黄褐色时将砂糖裹到肉上，再搅拌整锅食材。

❹ 装盘
小西红柿去蒂后横切半。绿叶菜切成容易入口的大小。将步骤 3 中做好的菜盛至器皿中，放上切好的小西红柿和绿叶菜。

【葱姜盐烧猪肉】

足量的葱和咸味，使它成为一道口味清淡的菜。
不加砂糖，充分发挥葱天然的甜味。

用料（2人份）
猪肩肉（肉片）…200 g
大葱…1 根
淀粉…2 小勺
调味汁
  ┌ 生姜…1 片
  │ 酒…2 大勺
  │ 盐…三分之二小勺
  └ 酱油…四分之一小勺
芝麻油…1 大勺

🗑 1 人份含 1465 kJ
🕐 烹饪时间 10 分钟
＊如果有的话，葱绿部分也用上。

1 烹调准备
葱竖着切半后斜着切成丝。生姜去皮后磨碎，然后将磨碎的生姜和调味汁组中剩下的用料搅拌混合。给猪肉裹上淀粉。

2 开始煎
将芝麻油倒入锅中用中火加热，接着放入步骤 1 中准备好的猪肉煎2~3 分钟。煎至猪肉边缘发白时翻面，放入切好的葱。

3 调味
关火，空出锅的中间部分，放入步骤 1 中准备好的调味料，用中高火加热，上下翻面搅拌 1 分钟左右，至水分变少。

【照烧鸡腿肉】

烧出的鸡腿肉光泽亮丽，惊人地柔软鲜嫩。
连作为配菜的蔬菜也变得口感极佳。

用料（2人份）

鸡腿肉…2块（450 g）
青椒…2个
面粉…3大勺

调味汁

- 酱油…2大勺
- 甜料酒…2大勺
- 酒…2大勺
- 砂糖…1大勺

色拉油…1大勺

🗑 1人份含 2512 kJ
🕐 烹饪时间 20 分钟

＊不含使鸡肉恢复至常温的时间。

❶ 烹调准备

将鸡肉恢复至常温后除去多余的脂肪，在鸡肉上浅切 3~4 个口，然后给鸡肉裹上薄薄一层面粉（参照第42页）。将青椒竖切半后去蒂和籽。最后混合好调味汁的用料。

❷ 开始煎

往锅中倒入色拉油，用中火加热，接着将鸡肉皮朝下放入，在周围放上青椒，煎 2 分钟左右。鸡肉煎至淡焦黄色时将鸡肉和青椒翻面，再煎 3 分钟左右。

❸ 调味

关火，取出鸡肉和青椒，用厨房纸巾拭去锅内的油分。接着放入步骤1 中准备好的调味汁，再放入鸡肉和青椒，用中火加热 3~4 分钟，时不时地给鸡肉和青椒翻面直至出现光泽。

❹ 装盘

取出鸡肉放置 2 分钟左右后按 2 cm斜切。因为鸡肉很热，所以用夹子或长筷压着切较好。将切好后的鸡肉盛至器皿中，放上青椒，最后浇上锅里的调味汁。

芝麻沙司浇煎鸡肉 】

上足量的放有芝麻粉的咸甜沙司，嫩煎肉摇身一变，瞬成为日式料理。

用料（2 人份）

鸡胸肉…2 块（400 g）

盐…半小勺

胡椒…少许

面粉…2 大勺

色拉油…1 大勺

芝麻沙司

┌ 白芝麻粉…3 大勺

│ 酱油…1 大勺

│ 甜料酒…1 大勺

│ 砂糖…1 小勺

└ 水…四分之一杯

青紫苏…2 片

🗑 1 人份含 2470 kJ

🕐 烹饪时间 20 分钟

＊不含使鸡肉恢复至常温的时间。

❶ 烹调准备

使鸡肉恢复至常温，两面撒上盐和胡椒，再裹上面粉，轻轻拍打至只剩下薄薄一层。

❷ 开始煎

将色拉油倒入锅中用中火加热，将鸡肉皮朝下摆入锅中煎 5 分钟左右。煎至焦黄时翻面，盖上锅盖小火生煎 3 分钟左右。之后关火，焖 5 分钟左右，用余热焖至全熟。最后取出鸡肉。

❸ 制作芝麻沙司，装盘

取出鸡肉后，将芝麻沙司组中除芝麻粉以外的用料放入锅中，用中火加热。煮开后放入芝麻粉搅拌，关火。将鸡肉按约 1.5 cm 斜着切片后盛至器皿中。浇上芝麻沙司，放上撕碎的青紫苏。

用料（2 人份）

鸡里脊肉

…6 条（约 300 g）

芝麻油…2 小勺

烤海苔片（整片）…半片

面粉…2 大勺

色拉油…1 大勺

调味汁

┌ 酱油…1 大勺多

│ 甜料酒…1 大勺多

└ 水…2 大勺

花椒粉…少许

🗑 1 人份含 1339 kJ

🕐 烹饪时间 15 分钟

❶ 烹调准备

鸡里脊肉去筋后浇上芝麻油裹好（参照第 43 页）。海苔片切成 6 等份的带状。

❷ 裹上面粉

将切好的海苔片卷到鸡里脊肉中间部分。然后裹上薄薄一层面粉。

❸ 开始煎

将色拉油倒入锅中用中火加热，将步骤 2 中准备好的鸡里脊肉摆入锅中。煎 3 分钟左右后翻面，再煎 3 分钟左右。之后将混合好的调味汁加入锅中，加热 1 分钟左右至鸡肉发出光泽。最后将鸡肉盛至器皿中，撒上花椒粉。

【 蒲烧海苔鸡肉卷 】

海苔配上清淡的鸡里脊肉，是让人食欲大增的美味。

【 韩式烤鸡肝 】

焦黄的鸡肝，爽口的蔬菜。
蘸上调味料后更是让人垂涎欲滴。

用料（2 人份）

鸡肝…250 g
牛奶…半杯
调味汁

- 味噌…2 大勺
- 酱油…1 大勺
- 砂糖…1 大勺
- 蒜（捣碎）…半瓣
- 豆瓣酱…半小勺
- 淀粉、芝麻油…各 1 小勺

洋葱…半个
胡萝卜…三分之一根（50 g）
洋白菜…4 片（200 g）
色拉油…1 大勺

🗑 1 人份含 1381 kJ
🕐 烹饪时间 20 分钟

＊不含将鸡肝浸泡在冷水和牛
奶中的时间。

1 烹调准备

将鸡肝迅速洗一洗，之后放入冷水
中浸泡 20 分钟左右。接着除去脂
肪和筋，斜着切片，切成一口大小，
如果有血块的话除去血块。然后将
鸡肝和牛奶放入碗中，在冰箱中冷
却 10 分钟左右。用厨房纸巾拭去
水分（参照第 44~45 页）。混合好
调味汁的用料，加入鸡肝，使它沾
满调味汁。

2 蔬菜的准备

将洋葱沿着纤维斜着切片。将胡萝
卜洗净，带皮按 4~5 cm 长、1 cm
宽斜着切片。将洋白菜切成 5 cm
见方的正方形。

3 开始炒

将色拉油倒入平底锅中用中火加
热，将鸡肝连汁放入，摆开加热
2~3 分钟。鸡肝边缘变白后翻面。
接着依次放上洋葱、胡萝卜和洋白
菜，加热 1 分钟左右。调至中高火，
炒 2 分钟左右，其间上下翻面使其
入味。

【黑椒鸡胗】

蔬菜的甘甜与黑椒的劲辣衬托出鸡胗的美味。
作为喝啤酒的下酒菜也是不错的选择。

用料（2人份）
鸡胗…250 g（净重200 g）
葱…1根
彩椒…1个（150 g）
黑胡椒…半小勺
芝麻油…1大勺
酱油…1小勺
盐…半小勺

1人份含795 kJ
烹饪时间20分钟

❶ 烹调准备

剔掉鸡胗白筋部分后切半（参照第45页）。葱斜切成1 cm长的段。彩椒竖着切两半后去蒂去籽，然后按3~4 cm长、1 cm宽切好。用厨房纸巾包住黑胡椒，然后用勺子压碎。

❷ 炒鸡胗

将半大勺芝麻油倒入平底锅中，用中火加热，接着放入鸡胗炒3分钟左右。之后关火，将鸡胗取出蘸上酱油。

❸ 开始炒

往步骤2的平底锅中倒入半大勺芝麻油，放入压碎的黑胡椒用中火炒。炒出香味后，将葱和彩椒放入锅中，炒3~4分钟后将鸡胗放回锅内，撒上盐，上下翻炒1~2分钟。

【肉汁汉堡】

细致地烤出鲜嫩多汁的肉饼。
可以拌有蛋黄酱的萝卜泥，使整道菜味道醇厚又清淡。

用料（2 人份）
混合肉馅···300 g
洋葱···半个（80 g）
吐司面包（切 8 片）
···半片（约 20 g）
A ⌈ 盐···近半小勺
　　└ 肉豆蔻、胡椒···各少许
鸡蛋···1 个
色拉油···少许
萝卜泥···200 g
蛋黄酱···2 大勺
橙醋酱油（或根据自己口味混合的
醋和酱油）···2 大勺
水芹（切成易入口大小）···适量

🍴 1 人份含 2219 kJ
🕐 烹饪时间 25 分钟

＊不含将原料放入冰箱冷却的时
间；牛肉馅和猪肉馅按自己的喜
好混合即可。

❶ 制作原料
将洋葱切成碎末。用手将吐司面包
撕碎。将肉馅和 A 用料放入盆中
搅拌 1 分钟左右后，放入洋葱、吐
司面包和鸡蛋好好搅拌。全部混
合好后再搅拌 2 分钟左右，搅至
黏稠（参照第 49 页），然后分成 2
等份。

❷ 调整形状
在手上涂上色拉油后，将步骤 1 中
做好的原料拿在手中，两手做投接
球动作向手掌拍打，重复 4~5 次后
除去空气，捏成约 2 cm 厚的椭圆
形，装入盆中，在冰箱里冷却 30
分钟左右。

❸ 开始烤
平底锅不涂油，直接将步骤 2 中做
好的肉饼摆入锅中，轻轻按压中部
使其凹陷。接着用中火煎 5 分钟左
右。肉饼底面煎至焦黄色时翻面，
盖上锅盖调至小火，再煎 7~8 分钟
烤熟。

❹ 装盘
将烤熟的肉饼盛至器皿中。将去除
水分后的萝卜泥和蛋黄酱混合，混
合好后浇至肉饼上。再放上水芹，
浇上橙醋酱油，就可以吃了。

【 羽根饺子 】

饭馆的人气料理——羽根饺子。做出酥脆芳香如蝉翼般一层的秘诀在于撒上芝士粉。
加入切碎的五花肉提升了醇厚的口味！肉馅冷冻后再包，使得这道菜更加鲜嫩多汁。

用料（3~4 人份）
猪肉馅…100 g
猪五花肉（肉片）…50 g
洋白菜…3~4 片（150 g）
盐…1 小勺

A
┌ 生姜（磨碎）…1 片
├ 蒜（捣碎）…1 瓣
├ 酱油…1 大勺
├ 芝麻油…1 小勺
└ 水…3 大勺

饺子皮…1 袋（24 片）
色拉油…1 大勺

B
┌ 面粉…2 大勺
├ 芝士粉…1 大勺
└ 水…三分之二杯

调味汁
┌ 醋…2 大勺
└ 豆瓣酱…2 小勺

🗑 1 人份含 1214 kJ
🕐 烹饪时间 50 分钟

＊不含将洋白菜预先裹盐和将馅放冰箱里
冷却的时间。

❶ 烹调准备

将洋白菜大致切碎后放入碗中，
撒上盐用手揉搓 1 分钟左右，之
后放置 10 分钟左右，挤去水分。
将五花肉叠放，从边缘按 5 mm 宽
切好。

❷ 制作肉馅

将五花肉、肉馅和 A 用料放入碗
中，用手搅拌约 2 分钟直至黏稠。
然后放入洋白菜，再搅拌 1 分钟左
右（参照第 49 页）。接着将它们放
入盆中弄平表面，放入冰箱冷却 30
分钟左右。

❸ 开始包

将步骤 2 中做好的肉馅分成 24 等
份，在一个饺子皮上放一份肉馅，
给皮的边缘蘸上少许的水，然后
对折，用食指捏出饺子褶，紧紧
封好口。剩下的皮和馅也是同样
操作。

❹ 开始煎

往稍小的碗里放入 B 用料的面粉
和芝士粉，边搅拌边一点一点地加
入足量的水，充分搅拌混合。往平
底锅中倒入半大勺色拉油，用中火
加热，然后将步骤 3 中包好的饺
子的一半量摆入锅中，调至中高
火煎 2~3 分钟，煎至底面变为焦
黄色为止。然后将混合好的 B 用
料的一半量沿着平底锅边缘转一
圈倒入，立刻盖上锅盖，用中火

干蒸 4~5 分钟。水分几乎没有的
时候打开盖子，再煎 2 分钟左右后
关火。

❺ 装盘

用比平底锅小一圈的碟子盖在平底
锅上，然后戴上厨用手套压住碟子，
将平底锅翻面装盘。剩下的一半也
用同样的方法煎。最后混合好调味
汁用料，浇在饺子上。

【煮猪肉片】

煮好的猪肉块切成薄片，有如生鱼片般的风味。
根据喜好蘸上绿芥末或黄芥末，当然也可以混着吃。

用料（2人份）
煮猪肉片（容易制作的分量）
- 猪颈肩肉（块）…2条（800 g）
- 盐…1大勺（猪肉重量的2%左右）
- 色拉油…1大勺
- 酒…半杯
- 生姜（薄片）…1片

干裙带菜…2大勺
黄瓜…1根
盐…1小勺
绿芥末、黄芥末…各适量
酱油…适量

🗑 1人份含 963 kJ
🕐 烹饪时间 1小时
＊不含将猪肉放冰箱里冷却和
用水泡发裙带菜的时间。

❶ 肉的预先调味

给猪肉撒上盐，用手将盐全部揉搓进肉中。接着浇上色拉油，用手将全部肉涂满。涂好后将肉一块块用保鲜膜包好，放入冰箱放置1小时到2天。放的时间越久盐就渗入越多，多余的水分也会渗出，并且肉质更为紧致，美味度会大大提升。

❷ 开始煮

将步骤1中准备好的猪肉上的保鲜膜撕掉，迅速洗一洗后控去水分。接着放入锅中，倒入5杯水，倒入酒，放入生姜，用中火加热，煮开后舀去浮沫，之后倒入1杯水降低汤汁的温度。倒入水后立即盖上盖子，稍微留一些缝隙，用小火煮40分钟左右。到时间后取出猪肉，放入密封容器内（或者盆里），倒入浸没猪肉的汤汁，将其放在一旁冷却。

❸ 装盘

将裙带菜放入一杯水内浸泡10分钟左右使其泡发，之后控去水分。给黄瓜撒上盐放在菜板上揉搓（参照第28页），之后迅速洗一洗，甩去水分，切成细丝。将半条煮好的猪肉按5~6 mm宽切好。猪肉切好后盛至器皿中，放入黄瓜和裙带菜。最后放入酱油、绿芥末和黄芥末，按自己的喜好蘸着吃。

保存

剩余的煮猪肉片可以浸泡在汤汁里，然后放在冰箱里保存。先给器皿蒙上一层保鲜膜，接着盖上盖子，这样可以防止汤汁干掉。注意应在1周左右内吃完。

【油炸猪肉丸】

将猪肉揉成团油炸，吃起来很有质感。
是一道能经济实惠地品尝到猪肉美味的菜肴。

用料（2~3 人份）
碎猪肉块…300 g
预先调味料
┌ 酱油…1 大勺
│ 砂糖…1 小勺
└ 鸡蛋…1 个
面粉…半杯
色拉油…适量
黄瓜…半根
盐…半小勺

🗑 1 人份含 1716 kJ
🕐 烹饪时间 25 分钟
＊不含给猪肉预先调味的时间。

❶ 烹调准备

将猪肉放入碗中，之后将预先调味的用料依次加入揉搓，放置 10 分钟左右。接着撒上面粉，混合至没有粉末感为止。最后将肉分成 8 等份，用手揉成肉丸摆入盆中。

❷ 开始炸

往平底锅里倒入 2 cm 深的色拉油，用中高火加热至高温（约 180 ℃ / 第 76 页）。接着用手将步骤 1 中的肉丸一个个放入锅内，全部放入后炸 3~4 分钟，炸至肉丸周围变硬后翻面，再炸 4 分钟左右。炸至黄褐色且酥脆以后，将肉丸取出放入垫有厨房纸巾的盆里控去油。

❸ 装盘

将黄瓜撒上盐后放到菜板上揉搓（参照第 28 页），之后迅速洗一洗，拭去水分。接着斜着切成薄片。最后将切好的黄瓜摆入盘中，放上步骤 2 中炸好的猪肉丸。

用料（2~3 人份）
鸡翅根…8 只
牛奶…1 大勺
面粉…三分之二杯
色拉油…1.5 杯
A ┌ 青海苔粉…2 大勺
　│ 味啉…1 大勺
　│ 盐…半小勺
　└ 胡椒…少许
柠檬…适量

🗑 1 人份含 1381 kJ
🕐 烹饪时间 30 分钟

❶ 烹调准备

将翅根沿着骨头切口（参照第 44 页）。将切好口的翅根放入盆中，裹上牛奶，撒入一半量的面粉。等面粉浸湿后再将剩下的面粉全部撒入。

❷ 开始炸

往平底锅里倒入 2 cm 深的色拉油，用中高火加热至高温（约 180 ℃ / 第 76 页）。接着将步骤 1 中的翅根一个一个放入锅中，全部放入后炸 4~5 分钟，翻面，再炸 4~5 分钟。炸至黄褐色并酥脆后，将翅根取出放入垫有厨房纸巾的盆里控去油。

❸ 裹上调料

将 A 用料放入碗里混合，趁热加入步骤 2 中炸好的热乎乎的鸡翅，使鸡翅整体都裹上调料。最后盛至器皿中，放上切成扇形的柠檬。

【海苔翅根】

不容易调味的翅根油炸过后再调味会更容易入味。
香味四溢的日式风味料理，请一定尝一尝。

鱼贝类人气菜谱

"鱼贝类的拿手菜太少了……"为了消除这样的烦恼，下面向您介绍一些简单的鱼贝类料理菜谱。仅用一个平底锅就可以完成煎、煮、炸多种烹调方式，各种口味随您享受。

【 法式香草煎鱼 】

只要撒上盐和香草，
到处可见的盐烧鱼瞬间变成华丽的香草煎鱼。

用料（2 人份）

竹荚鱼
（1 条 150~200 g）…2 条
盐…半小勺
混合香料（参照第 16 页）
…半小勺

番茄酱
┌ 西红柿…1 个（大）
│ 醋…1 大勺
│ 盐、胡椒…各少许
│ 橄榄油…2 大勺
└ 欧芹（切碎）…1 小勺
橄榄油…1~2 小勺

🗑 1 人份含 1046 kJ
🕐 烹饪时间 30 分钟
＊不含预先给竹荚鱼撒上盐和香料腌制的时间。

❶ 烹调准备
片掉竹荚鱼尾部的硬刺，去头去尾，之后将鱼腹切口，掏出内脏。将鱼洗净，用厨房纸巾拭去水分（参照第 52 页）。最后将鱼放入盆中，两面撒上盐和香料，放置 20 分钟左右。

❷ 制作番茄酱
西红柿去蒂后横着切两半。用勺子将籽去掉，切成 1 cm 见方的块。接着将切好的西红柿放入盆中，再放入番茄酱组中剩余的用料搅拌混合。

❸ 开始煎
用厨房纸巾拭去竹荚鱼表面的水分。将橄榄油倒入平底锅中用中火加热。接着摆入竹荚鱼，用高火煎 5 分钟左右。之后翻面再煎 4 分钟左右。其间有油脂出现的话，用厨房纸巾轻轻拭去。鱼背部分可以贴着平底锅边缘煎，煎至全身变为黄褐色。煎好后盛入器皿中，浇上番茄酱。

【烤鱿鱼】

简单地将整个躯干烤好。
放上干蒸好的内脏，品尝如裹上沙司般的味道。

用料（2 人份）
鱿鱼（大）
…1 条（约 300 g）
蛋黄酱…1 大勺
色拉油…1 大勺
盐…四分之一小勺
酱油…少许

🗑 1 人份含 879 kJ
🕐 烹饪时间 20 分钟
＊可以生食的鱿鱼，内脏也
可食用。

① 烹调准备
切去鱿鱼的触角和内脏，
将触角两根两根地切好，
躯干按每 8 mm 切一个
口切好（参照第 54 页）。
将内脏弄干净（参照第
55 页），放到铝箔纸上，
浇上蛋黄酱后轻轻包上。

② 开始烤
将色拉油倒入平底锅中
用中火加热。接着将鱿
鱼的躯干、触角和包着
铝箔纸的内脏放入锅内。
煎 2 分钟左右后将躯干
和触角翻面，再煎 1 分
钟左右。之后将包着铝
箔纸的内脏从锅中取出，
锅内剩下的鱿鱼再煎 2
分钟左右，最后撒上盐。

③ 装盘
将煎好的鱿鱼盛至器皿
中。加上内脏轻轻混合。
将鱿鱼切开，蘸上内脏
吃。如果感觉不够咸可
以给内脏浇上酱油。

用料（2 人份）
虾（无头／带壳）
…15~16 只（250 g）
酒…2 小勺
芦笋…1 把
葱…1 根
芝麻油…1 大勺
盐…半小勺

🗑 1 人份含 753 kJ
🕐 烹饪时间 20 分钟

① 烹调准备
虾去壳后在背上切口，
有虾线的话将其除去
（参照第 55 页），给虾蘸
上酒。将芦笋根部切掉
一些，用削皮器将下半
部分的皮削去，将芦笋滚
刀切。最后将葱按 1 cm
宽斜切。

② 开始炒
将芝麻油倒入平底锅中
用中火加热。用厨房纸
巾将虾的水分轻轻拭去
后放入平底锅中铺满锅
底，静置加热 1 分钟左
右。接着将虾移至锅中
央，在虾的周围放上芦
笋和洋葱，静置加热 2
分钟左右，其间用木铲
轻轻按压蔬菜，最后再
翻炒 2~3 分钟。

③ 调味
给虾撒上盐，再炒 1~2
分钟使其入味。

【芦笋炒虾仁】

淡淡的咸味，鲜美的虾仁，
爽口的芦笋，尽在此道菜中。

【水煮秋刀鱼】

恰到好处的咸甜味，是基本的水煮鱼味道。
做竹荚鱼或鲽鱼时也是同样的方法。

用料（2 人份）

秋刀鱼
…2 条（约 400 g）
生姜…2 片
汤汁

┌ 酱油…2 大勺
│ 酒…2 大勺
│ 砂糖…2 大勺
└ 水…半杯

🗑 1 人份含 2344 kJ
🕐 烹饪时间 25 分钟

① 烹调准备

将秋刀鱼去头去尾后切成 3 等份的圆片。除去内脏，用水洗净后拿厨房纸巾拭去水分（参照第 53 页）。生姜剥皮后切薄片，再将一半量的生姜薄片切丝。

② 开始煮

往稍小的平底锅里放入汤汁用料后用中火煮开。接着放入秋刀鱼和生姜薄片，煮 3 分钟左右，其间不时地用汤勺舀起汤汁浇至秋刀鱼身上。

③ 装盘

将料理盛至器皿中，撒上切丝的生姜。

用料（2 人份）

萝卜…近半根（400 g）
鰤鱼（鱼块）
…2 块（250 g）
盐…三分之一小勺
芝麻油…1 大勺

┌ 酒…半杯
A │ 酱油…3 大勺
└ 砂糖…3 大勺

🗑 1 人份含 2260 kJ
🕐 烹饪时间 35 分钟

① 烹调准备

将鰤鱼用水迅速洗一洗后用厨房纸巾拭去水分。将每一块鱼切两半，两面撒上盐。将萝卜洗净，带皮切成 1.5 cm 厚的半圆形。最后将 A 用料预先混合好。

② 开始煎

将芝麻油倒入平底锅中用中火加热，摆入鰤鱼。煎 2 分钟左右后翻面，再煎 2 分钟左右，关火取出鰤鱼。打开中火，将萝卜摆入锅中，用剩下的油煎 3~4 分钟。煎至焦黄后翻面，再煎 3~4 分钟。

③ 开始煮

将鰤鱼放到萝卜上，转圈浇上 A 用料。煮开后用汤勺将汤汁浇在料理上，调至小火。接着盖上浸湿的厨房纸巾，再煮 15 分钟左右。然后将鰤鱼和萝卜一个个上下翻面，给鰤鱼裹上汤汁使其入味。

【萝卜鰤鱼】

煎得恰到好处后再煮的鰤鱼和萝卜，美味浓缩其中。
不加水和汤汁，放入充足的酒煮出色味俱全的鰤鱼。

【鲜虾裹辣味番茄酱】

用新鲜西红柿制成的辣番茄酱，西红柿的自然甜味是它的魅力所在。最后用搅拌好的鸡蛋勾芡使它更黏稠。

用料（2 人份）
虾（无头 / 带壳）
…15~16 只（250 g）

A ┌ 淀粉…3 大勺
  └ 盐…少许

底味
┌ 盐…少许
│ 芝麻油…1 小勺
└ 淀粉…3 大勺

色拉油…2 大勺

辣番茄酱
┌ 西红柿…2 个（300 g）
│ 大蒜（捣碎）…半瓣至 1 瓣
│ 砂糖…1 大勺
│ 芝麻油…1 大勺
│ 豆瓣酱…1 小勺
└ 盐…半小勺

鸡蛋…1 个

🍱 1 人份含 1716 kJ
🕐 烹饪时间 15 分钟

❶ 备料
虾剥壳，在背上划一刀，有虾线的话去除。放入深碗中，均匀地沾满 A 用料，洗一下并拭干水分（参照第 55 页）。放入深碗中，按顺序加入调制底味的材料并使虾沾满底味调料。将制作辣番茄酱的西红柿去掉蒂，切成 1 cm 见方的块。

❷ 煎
在平底锅中倒油，用中火烧热，加入步骤 1 中的虾。煎大约 1 分钟后翻面，再煎大约 1 分钟，虾煎软后取出，放入方形盘中备用。

❸ 用辣番茄酱煮，完成
平底锅中加入辣番茄酱的材料，用中高火煮。煮开后再煮大约 5 分钟。煮到材料变得黏稠时，加入步骤 2 中的虾混合。边搅拌边加入打好的蛋液，大力搅拌加热到半熟状。

【 意式水煮鱼 】

意式水煮鱼是用水引出鱼的鲜美的一道意大利鱼料理。
配上美味的小西红柿和风味十足的蒜，一道香喷喷的料理就完成了。

用料（2 人份）
生鳕鱼（鱼块）…2 块（250 g）
预先调味
┌ 盐…半小勺
└ 胡椒…少许
小西红柿…10 个
蒜…1 片
橄榄油…4 大勺
橄榄（黑）…10 个
续随子…2 大勺
红彩椒（去籽）…半个
盐…三分之一小勺
芝麻菜…适量

🗑 1 人份含 1549 kJ

🕐 烹饪时间 20 分钟

＊ 1. 也可用鲷鱼、银鳕鱼或旗鱼。

2. 续随子是一种原产地中海的植物的花蕾，
用盐或醋腌后可作调料使用，可以用于鱼
料理中，发挥它独特的风味，常用于西式
泡菜中。

1 烹调准备

将鳕鱼放入盆中，两面撒上盐和胡椒预先调味。将小西红柿去蒂，在皮上切道口。将蒜切成碎末。

2 煎鳕鱼

将 2 大勺橄榄油倒入平底锅中用中火加热。放入蒜末粗略搅拌，之后立即将步骤 1 中准备好的鳕鱼皮朝下摆入锅中。煎 2 分钟左右后翻面，再煎 2 分钟左右。

3 焖

将步骤 1 中的小西红柿、橄榄、续随子和红彩椒放入锅中，转着圈倒入四分之一杯水。接着撒上盐，煮开后加入 2 大勺橄榄油。盖上盖子用小火焖 10 分钟左右。最后盛至器皿中，将芝麻菜撕成易入口的大小后放上。

【 油炸竹荚鱼 】

来挑战一下套餐店中的人气菜单吧。
牢牢裹上面衣后油炸，外酥里嫩。

用料（2 人份）
竹荚鱼…2 条
预先调味
├ 盐…四分之一小勺
└ 胡椒…少许
面糊
├ 鸡蛋…1 个
└ 面粉…4 大勺
生面包粉…2 杯
色拉油…适量
洋白菜（切丝）…适量
柠檬（切扇形）…适量
辣酱油（按自己喜好）…酌情

🗑 1 人份含 1256 kJ
🕐 烹饪时间 40 分钟

① 烹调准备
将竹荚鱼从脊背切开去骨（参照第
52 页），然后在两面撒上盐和胡椒
预先调味。

② 制作面衣
鸡蛋打入碗中搅散，再加入面粉充
分混合制作面糊。将面包粉放入盆
中撒满一层。接着拿着步骤 1 中准
备好的竹荚鱼尾部，用勺舀起面糊
一点一点给鱼裹上，尾部不裹也没
问题。裹好后将鱼放到面包粉上裹
粉，轻轻按压使其裹紧。

③ 开始炸
在平底锅中倒入 2 cm 深的色拉油，
用中火加热至高温（约 180 ℃ /
第 76 页）后，放入步骤 2 中准备
好的鱼。用中高火炸 3 分钟左右
后翻面，再炸 3~4 分钟。炸好后
取出放入垫有厨房纸巾的盆中控
去油。然后放上洋白菜和切好的
柠檬。最后按自己的喜好加上辣
酱油。

豆腐的人气菜谱

豆腐、油炸豆腐和油炸豆腐块一直都是重要的配菜。
下面让我们来做主菜为肉和豆腐的组合菜，或是朴素的豆腐菜吧，让自己的人气家常菜菜单也变得更加丰富。

【 豆腐五花肉 】

清淡的豆腐，配上猪肉的美味、韭菜的风味，增加了鸡蛋的醇和感。
是非常容易做的菜肴。

用料（2 人份）
卤水豆腐…1 块（300 g）
猪五花肉（切薄片）…100 g
淀粉…1 小勺
韭菜…半把（50 g）
鸡蛋…1 个
盐…半小勺
芝麻油…1 大勺
酱油…1 小勺
柴鱼片…1 袋（5 g）

🗑 1 人份含 1758 kJ
⏱ 烹饪时间 15 分钟
＊不含除去豆腐水分的时间。

❶ 烹调准备
将豆腐分成约 10 等份，之后用厨房纸巾包住放置 15 分钟左右除去水分（参照第 58 页）。将猪肉切成 5 cm 长，粗略裹上淀粉。将韭菜切成 5 cm 长。最后将鸡蛋调好。

❷ 放入平底锅中加热
将芝麻油倒入平底锅中用中火加热，取下步骤 1 中包着豆腐的厨房纸巾，将豆腐摆入锅中，再将猪肉放入豆腐之间，静置加热 2 分钟左右。然后用木铲和长筷夹住豆腐上下翻面，再加热 2 分钟左右。

❸ 炒，完成
撒上盐，将蛋液转着圈倒入。用木铲从底部大幅翻炒搅拌 10 次左右，边炒边给菜裹上蛋液。接着放入韭菜大幅迅速搅炒。然后空出锅中央倒入酱油搅拌，最后放入柴鱼片迅速搅炒。

【麻婆豆腐】

肉末的鲜美融入摇来摇去的柔软的豆腐中。
做出风味独特的麻婆豆腐的要点之一是最开始要充分炒好生姜和中式调味料。

用料（2 人份）
卤水豆腐…1 块（300 g）
猪肉末…100 g
生姜…1 片
葱…半根
色拉油…1 大勺
豆瓣酱…1 小勺
甜面酱…2 大勺
A ┌ 酱油…1.5 大勺
  └ 水…半杯
水溶淀粉
  ┌ 淀粉…2 小勺
  └ 水…1 大勺多点

🗑 1 人份含 1423 kJ
🕐 烹饪时间 15 分钟

❶ 烹调准备
给菜板垫上厨房纸巾，放上豆腐，切成约 2 cm 见方的方块。将生姜和葱切成碎末。最后预先将 A 用料与水溶淀粉用料各自混合好。

❷ 开始炒
将色拉油倒入平底锅中，放入生姜、豆瓣酱和甜面酱，用中火加热。待油咕嘟咕嘟响后用木铲开始炒。闻到香味后放入肉末，边打散边炒，炒至软烂后放入葱迅速搅拌一下。

❸ 开始煮
将混合好的 A 用料转着圈倒入锅中，轻轻搅拌。煮开后放入豆腐。如果很热的话就暂时关火，用手将豆腐轻轻放入不让豆腐碎掉。之后煮 2 分钟左右，为了不让豆腐碎掉，可以边煮边摇晃平底锅。在摇的时候，汤汁会沾到豆腐上面，味道能很好地渗入。

❹ 完成
再搅拌一次水溶淀粉，一点一点浇至有汤汁的地方。接着煮 1 分钟左右至汤汁黏稠，其间边煮边用木铲贴着平底锅底部轻轻搅拌。

【铁板豆腐】

把豆腐煎得恰到好处的健康铁板烧料理。
浇上放有煮鸡蛋的浓醇沙司，美味至极。

用料（2人份）
卤水豆腐…1块（300 g）
A ┌ 盐…半小勺
　 └ 面粉…2大勺
色拉油…1大勺
蛋黄沙司
┌ 煮鸡蛋…1个
│ 蛋黄酱…3大勺
└ 芥末粉…2小勺
嫩叶…适量

🗑 1人份含 1549 kJ
⏱ 烹饪时间 15分钟
＊不含除去豆腐的水分的时间。

1 除去豆腐的水分
给菜板垫上厨房纸巾，横摆上豆腐，切成4等份。接着用厨房纸巾包住豆腐放置30分钟左右除去水分（参照第58页）。

2 制作简易蛋黄沙司
将煮鸡蛋剥壳后放入盆中，用餐叉背部将其压碎。最后将剩下的蛋黄沙司用料全部放入充分混合。

3 开始煎
将A用料放入另一个盆中混合后摊开。接着摆入步骤1中准备好的豆腐，将整体裹上用料，之后轻轻拍打至薄薄一层。然后将色拉油倒入平底锅中用中火加热，摆入豆腐。煎3~4分钟后翻面，再煎3~4分钟。

4 装盘
将步骤3中做好的豆腐盛至器皿中，放上嫩叶，再浇上步骤2中准备好的蛋黄沙司。

【照烧豆腐块】

煎得刚好的豆腐块，裹上咸甜的调味汁。
是口感极佳且健康的一道菜。

用料（2人份）
豆腐块…1块（200 g）
面粉…1大勺
杏鲍菇…1根（50 g）
色拉油…1大勺
调味汁
┌ 味啉…3大勺
│ 酱油…2大勺
└ 砂糖…1小勺
生姜（磨碎）…适量

🗑 1人份含 1298 kJ
⏱ 烹饪时间 20分钟

1 烹调准备
将豆腐块在微温水（比温水冷一些的水）中洗净表面（参照第59页）。用厨房纸巾拭去豆腐的水分，按1.5 cm宽切好。接着将切好的豆腐摆入盆中，撒上面粉将两面裹好。然后将杏鲍菇竖切4等份。最后将调味汁用料预先混合好。

2 开始煎
将色拉油倒入锅中用中火加热，接着摆入步骤1中准备好的豆腐块和杏鲍菇，煎3~4分钟后翻面，再煎3~4分钟。

3 完成
关火，空出锅的中央部分，倒入步骤1中混合好的调味汁。开中火加热，煮1分钟左右，煮至出现光泽并黏稠，其间边煮边裹上汤汁。煮好后盛至器皿中，将平底锅里剩下的调味汁浇上，最后放上生姜碎末。

【豆腐福袋煮】

将生鸡蛋放入福袋状的油炸豆腐中煮，一个福袋煮就完成了。
黏滑的半熟鸡蛋，咸甜的汤汁，入口即化，口感绵延。

用料（2 人份）
油炸豆腐…2 个（60 g）
鸡蛋…4 个

A ┌ 酱油…2 大勺
  │ 砂糖…1 大勺
  └ 味啉…4 大勺

醋…1 小勺

🍱 1 人份含 1590 kJ
⏱ 烹饪时间 20 分钟
＊不含去粗热的时间。

① 烹调准备

将油炸豆腐块放在微温水中揉洗，之后挤去水分，对半切开。切好后将豆腐一个个放到菜板上，拿长筷（像擀面一样）在豆腐上滚动 2~3 次。从豆腐的切口轻轻地撕开，将手指放入，撑成福袋状（参照第 59 页）。

② 将鸡蛋放入豆腐中

将 1 个鸡蛋打入稍小的容器中。再往另一个稍小的容器中放入 1 个步骤 1 中准备好的豆腐，将

口打开，再将鸡蛋慢慢倒入。最后用牙签封口。剩下的豆腐也是同样操作。

③ 开始煮

将 A 用料和半杯水放入稍小的平底锅中，用中火煮开。接着将步骤 2 中准备好的豆腐摆入锅的边缘。煮 2~3 分钟后将豆腐侧放，用小火煮 5 分钟左右。最后绕锅转着圈浇上醋，放置至粗热消失为止，此时醋已经很好地渗入其中了。

123

鸡蛋的人气菜谱

软乎乎、焦黄、黏滑……这些鸡蛋料理的魅力，每道菜各有不同。下面让我们来学习如何掌握决定鸡蛋美味度的搅蛋方法和火候控制的要点，学习鸡蛋料理的做法吧。

【鸡蛋饼】

外皮柔软、内里黏滑的鸡蛋饼，秘诀在于加在蛋液中的蛋黄酱。
将鸡蛋翻面时拿起平底锅离开炉灶，轻松烤出完美的鸡蛋饼。

用料（1 人份含）
鸡蛋…3 个
A ┌ 蛋黄酱…1 大勺
  └ 盐、胡椒…各少许
色拉油…1 小勺
黄油（冷）…1 小勺

🗑 1 人份含 1549 kJ
🕐 烹饪时间 5 分钟

❶ 制作蛋液
将鸡蛋打入盆中搅散（搅拌约 30 次/第 62 页）。调好后放入 A 用料，结块的蛋黄酱也行。

❷ 开始煎
将色拉油倒入稍小的平底锅中，用中火加热 2 分钟，放入黄油，等到约三分之二的黄油溶化并起泡后，从高处将蛋液一次性倒入。接着迅速搅拌 20~30 次。之后用胶铲调整形状。将平底锅从炉灶上拿下，放在湿抹布上，边抬起自己面前一侧的锅倾斜，边用胶铲将鸡蛋推至锅的另一边。

❸ 翻面
将平底锅倾斜着用中火煎 30 秒。再次将锅从炉灶上拿下，用胶铲揭开边缘部分翻面（左图）。再次打开中火煎 30 秒至 1 分钟，其间将蛋贴着锅边缘调整形状（右图）。

❹ 调整形状
关火，再次将鸡蛋推至锅的另一边。换手握锅柄，将鸡蛋翻面盛至器皿中。盖上厨房纸巾，用手调整形状。

【西式土豆培根炸饼】

西式炸饼是意大利的鸡蛋烧。
特点是炸饼的厚圆形状和平底锅的形状一致。

用料（直径约 20 cm 的平底锅 /2~3 人份）
鸡蛋…4 个
土豆…2 个（300 g）
洋葱…四分之一个
培根…4 片（80 g）
橄榄油…2 大勺
盐…三分之一小勺

🗑 1 人份含 1465 kJ
⏱ 烹饪时间 20 分钟
＊不包含土豆去粗热的时间。

❶ 烹调准备

将土豆切成约 2 cm 见方的方块，用水冲洗后控去水分。放入耐热菜碟中，轻轻盖上一层保鲜膜后放入微波炉（600 W）中加热 3 分钟左右，之后取出去粗热。将培根切成 1 cm 宽。将洋葱沿着纤维切薄片。将鸡蛋打入碗中调好（搅拌 40~50 次 / 第 62 页）。

❷ 炒菜码

将橄榄油倒入稍小的平底锅中用中火加热，放入步骤 1 中准备好的土豆炒 4 分钟左右。最后撒上盐、培根和洋葱，再炒 3 分钟左右。

❸ 倒入蛋液

将蛋液从高处一次性转着圈倒入锅中。边缘部分凝固后用木铲大幅搅拌 10 次左右。将平底锅从炉灶拿下放至湿抹布上，用木铲将边缘部分掀起至中间调整形状。再用中火煎 1 分钟左右。

❹ 翻面，完成

关火，戴上厨用手套。将平底锅盖上比它小一圈的碟子（左图）。将整个平底锅上下翻转（右图），将炸饼倒入碟中。然后晃动碟子使炸饼滑入平底锅中（下图）。开小火，煎 2~3 分钟，其间调整形状。用竹签扎一扎，如果没有蛋液黏上则说明煎好了。最后将炸饼盛至器皿中，切成易入口的大小。

【 汤汁鸡蛋卷 】

带有汤汁的鸡蛋，甜味适度的经典派鸡蛋卷。
来享受这柔和的口感和细腻的美味吧。

用料（2人份）
鸡蛋…4 个

A ┌ 汤汁（参照第 98 页）
  │ …3 大勺
  │ 酱油（淡）…1 小勺
  └ 味啉…2 小勺

色拉油…适量
青紫苏…2 片
萝卜泥…适量
酱油…适量

🗑 1 人份含 795 kJ
⏱ 烹饪时间 15 分钟

＊不包含去粗热的时间。

❶ 制作蛋液
将鸡蛋打入碗中，搅散（搅拌约 30 次 / 第 62 页）后放入 A 用料混合。

❷ 开始煎
用厨房纸巾将平底锅涂上一层薄薄的色拉油，用中火加热，之后将平底锅从炉灶上拿下放至湿抹布上。用汤勺舀 1 勺蛋液均匀倒入锅中，开中火煎 10 秒左右，边缘凝固后掀起边缘一层一层卷好。卷好后推至另一边，再用厨房纸

巾给锅里空出的部分涂上一层薄薄的色拉油。

❸ 边煎边卷
再次将平底锅从炉灶上拿下放到湿抹布上，倒入 1 勺蛋液，像步骤 2 一样边煎边卷。重复操作至全部蛋液用完，煎好的蛋卷表面呈淡焦黄色。

❹ 完成
展开铝箔纸，趁热摆上步骤 3 中煎好的鸡蛋卷，迅速包好调整形状。去粗热后切成易入口的大小。将青紫苏垫在器皿上，放上鸡蛋卷，放上萝卜泥，最后给萝卜泥浇上酱油。

【荷兰豆鸡蛋】

鸡蛋包裹着足量的荷兰豆。
吸收了汤汁的鸡蛋，醇和的味道魅力无穷。

用料（2人份）
鸡蛋…2个
荷兰豆…100 g
汤汁（第98页）…1杯

A
味啉…2大勺
盐…半小勺
酱油…少许

🍱 1人份含586 kJ
🕐 烹饪时间15分钟
＊不含将荷兰豆泡水的时间。

① 烹调准备
用冷水冲洗荷兰豆20分钟左右使其变清脆，之后去蒂、去筋。将鸡蛋打入碗中，调好（搅拌约10次/第62页）。

② 开始煮
将汤汁和A用料放入稍小的平底锅（或者圆底菜锅）中用中火加热，煮开后放入荷兰豆，煮2分钟左右。

③ 用鸡蛋勾芡
将一半量的蛋液（约1汤勺）从锅中央画着小圈倒入，煮20~30秒。之后将剩下的蛋液全部转着圈倒入锅中，将鸡蛋煮至半熟，其间边煮边摇晃平底锅。

用料（容易制作的分量）
煮鸡蛋…3~4个
佐料汁

葱…四分之一根
生姜…半片
干笋（调味后）…25 g
酱油…1大勺
蚝油…半大勺
砂糖…半大勺
芝麻油…半小勺
胡椒…四分之一小勺
水…半杯

🍱 全量含1298 kJ
🕐 烹饪时间10分钟
＊不含冷却佐料汁和使味道渗入的时间，使用煮8分钟的鸡蛋（第86页）。

① 烹调准备
将葱竖着切两半后，斜着切片。将生姜剥皮后切丝。将粗的干笋竖着切成2~3等份。

② 制作佐料汁
将佐料汁的用料放入稍小的锅中用中火加热，煮好后关火冷却。

③ 腌渍
将佐料汁和剥壳的鸡蛋放入可以密封的塑料袋中，除去空气，牢牢地封好口。接着放入冰箱中，放置6个小时以上使其入味。

保存
放入冰箱后，请在1周左右吃完。

【卤鸡蛋】

作为拉面配菜的卤鸡蛋。
是只要将鸡蛋放入包含葱、生姜和干笋的佐料汁中即可的简单料理。

蔬菜的人气菜谱

本章向您介绍简便的沙拉、快手菜、独具风格的炖菜、易于存放的日式及西式腌制蔬菜等美味的蔬菜菜谱。

【 土豆沙拉 】

用很少的材料就可以做出简单的土豆沙拉。
洋葱的风味及火腿的美味更能衬托出土豆的鲜滑口感。

用料（2~3 人份）
土豆…3 个（450 g）
调味料
┌ 醋…1 大勺
│ 盐…四分之一小勺
│ 胡椒…少许
└ 橄榄油…1 大勺
洋葱（小）…半个
盐…四分之一小勺
火腿…2 片
蛋黄酱…6 大勺

🗑 1 人份含 1339 kJ
🕐 烹饪时间 30 分钟
*不包含冷却土豆的时间。

1 煮土豆
用削皮器把土豆去皮，并将土豆切成 3 cm 左右的小块。在水里泡 5 分钟左右后沥去水分。把土豆放入锅里，倒入没过土豆的水后，以中火烹调。水沸后转小火，盖上盖子煮 12~15 分钟，到能以竹签轻易刺穿为止。

2 做成（土豆泥）糊状，调底味
关火，倒掉汤汁。再用中火加热 1~2 分钟，将残余的水分煮到咕嘟咕嘟沸腾后关火，摇动锅令水分均匀分布。重复 2~3 次，至土豆表层变成黏糊状，倒入盆里，加入搅拌好的调味料，均匀搅拌至冷却。

3 准备配料
将洋葱沿着纤维切薄片，放入另一个盆中。撒盐搅拌，静置约 10 分钟。火腿切成约 1 cm 见方的方形。

4 调制
将洋葱的水分轻轻挤出后，将洋葱加到盛土豆的盆里，加入火腿、蛋黄酱调制。

【 水菜小鱼沙拉 】

将小鱼炒到干脆，倒入芝麻油与水菜拌在一起，搅拌均匀后，柔软的水菜会带来全新的口感！

用料（2 人份）

水菜…三分之二把（100 g）
小鳗鱼干 …三分之一杯
芝麻油…2 大勺
A 醋…1 大勺
  酱油…1 大勺
  胡椒…少许
白芝麻…1 大勺

🗑 1 人份含 753 kJ
🕐 烹饪时间 10 分钟
＊不包含用冷水泡洗水菜的时间。

① 准备处理
把水菜的根切掉，然后切成 6~7 cm 长的段。把水菜泡入冷水中，泡约 20 分钟后撕成条状。放入漏网里沥去水分，用厨房纸巾轻轻握住吸去水分。最后放入盆里。

② 炒小鱼干
在小平底锅里倒入芝麻油，用中火加热 1~2 分钟，放入小鳗鱼干，用木铲搅拌，直到变成黄褐色、干干脆脆为止。柔软状态的鳗鱼干用中火炒，干燥的鳗鱼干则用小火炒，切记不要炒煳。

③ 搅拌
把步骤 2 中的鱼干连同芝麻油一起倒入步骤 1 中的水菜盆里，用勺子和筷子从碗底快速搅拌。加入 A 用料后再次搅拌均匀。装盘，撒上白芝麻。

用料（2 人份）

牛蒡…1 根（150 g）
胡萝卜…30 g
底味
  酱油…1 大勺
  砂糖…1 小勺
  芝麻油…1 小勺
蛋黄酱…3~4 大勺
白芝麻碎…1 大勺
五香粉…少许

🗑 1 人份含 963 kJ
🕐 烹饪时间 15 分钟
＊不包含浸泡牛蒡、煮汤、冷却的时间。

① 准备处理
仔细清洗牛蒡后将皮削掉。将牛蒡切成较粗的丝，在水里泡 5 分钟左右后除去水分。仔细清洗胡萝卜后，带皮切成较粗的丝。

② 煮汤入底味
向锅里倒入 5 杯水煮沸，放入胡萝卜煮 1 分钟左右后取出，放入漏网。将牛蒡放入剩水中，煮大约 2 分钟。然后捞起放入漏网去除水分，移到盆里。趁热加上入底味的调料搅拌，冷却。

③ 搅拌
将煮好的胡萝卜加入盆里，放入蛋黄酱、芝麻碎搅拌均匀，装盘，撒上五香粉。

【 牛蒡沙拉 】

充满牛蒡的香味与鲜香口感的沙拉。甜辣的底味与蛋黄酱圆润的味道融合，非常好吃！

【 苦瓜炒猪肉 】

用水去除涩味的苦瓜，带有恰到好处的淡苦味。
猪五花肉浓郁的肉香和味噌合二为一，是一道适合下饭的菜肴。

用料（2人份）
苦瓜…1根（250 g）
猪五花肉（薄片）…200 g

A ┌ 味噌…2 大勺
  │ 酒…1 大勺
  │ 砂糖…1 小勺
  └ 酱油…1 小勺

芝麻油…半大勺
盐…少许

🗑 1人份含 2009 kJ
🕐 烹饪时间 15 分钟
＊不包含清洗苦瓜的时间。

❶ 准备处理

将苦瓜对半切开，去瓤和籽，从一端开始切成 8 mm 左右厚。泡在水里大约 20 分钟后，沥去水分。猪肉切成 5 cm 左右厚度，拌入调味料备好。

❷ 炒菜

向煎锅里倒入芝麻油，用中火加热，把猪肉摊开放入。煎 1~2 分钟，直到猪肉变色，之后把猪肉拢到锅中央，把苦瓜放在肉的周围，撒盐，用木铲轻压苦瓜 2 分钟左右。之后将苦瓜和肉翻面，向锅中央合拢，加调味料，均匀翻炒 2~3 分钟。

【小白菜炒香肠】

能够简单上手的炒菜。
小白菜新鲜的菜叶，让人的食欲顿时涌现。

用料（2人份）
小白菜（小）…1棵
香肠…4个（90 g）
色拉油…2小勺
盐、胡椒…各少量

🍱 1人份含 837 kJ
🕐 烹饪时间 10 分钟

① 准备处理
将小白菜的根部切下少许，切成 5 cm 左右长的段。菜根粗壮的部分竖着切成两半，菜根和菜叶分开备好。香肠斜着切成 7~8 mm 厚的片。

② 炒制
平底锅中放入色拉油，用中火加热，加入香肠快炒。空出锅中央，放上小白菜的根茎部分，再将菜叶放到根茎之上。一边用木铲轻压一边加热约 1 分钟，上下翻面炒 30 秒左右。

③ 调味
开大火，炒制 30 秒左右收干水分，炒软后，撒上盐、胡椒翻炒均匀后出锅。

用料（2人份）
牛蒡…1个（150 g）
熏猪肉…2块（40 g）
A ⎡ 味啉…1大勺
　⎣ 酱油…2小勺
芝麻油…1大勺
黑胡椒（粗粒）…少许

🍱 1人份含 879 kJ
🕐 烹饪时间 15 分钟

① 准备处理
牛蒡洗净去皮，用削皮刀削成 15 cm 的带状，把牛蒡放入水中，去涩味后去除水分，用厨房纸巾擦干。将熏猪肉切成 1 cm 厚的片。把 A 中用料混合备用。

② 炒制
在平底锅中放入芝麻油，中火加热，把熏猪肉放入锅中摊平静置 1 分钟，再把牛蒡放入锅中，摊平静置 1 分钟左右后，合在一起翻炒 1~2 分钟。

③ 调味
先关上火，把混合的 A 调料转着圈倒入锅中。然后开中火，边搅拌边煮，直到调料全部熬干吸收，最后撒上黑胡椒。

【牛蒡炒熏猪肉】

熏猪肉浓厚的美味与牛蒡是绝配，
黑胡椒的辣味大大提升了菜肴的味道。

【麻婆茄子】

用大量油将茄子慢慢地过油炸是做好这道菜的秘诀，
有着香气的蔬菜与肉末混在一起烹煮，加上茄子就完成了。

用料（2人份）
茄子…3个
猪肉末…100 g
生姜…半个
葱…半根
豆瓣酱…1 小勺
味噌…2 大勺
A
├ 酱油…1 大勺
├ 白酒…1 大勺
├ 砂糖…1 大勺
└ 水…半杯

水溶淀粉
├ 淀粉…2 小勺
└ 水…1 大勺过点
色拉油…4~5 大勺
芝麻油…1 小勺
辣椒粉…适量

🗑 1 人份含 1758 kJ
🕐 烹饪时间 20 分钟

❶ 准备处理
先把生姜切成末，葱切成 2~3 mm 宽的片，把 A 调料和水溶淀粉混合搅拌备好。茄子切掉末端，竖切成 4 等份。

❷ 将茄子过油
在平底锅中放入 4 大勺色拉油，开中火加热 2~3 分钟，将茄子的切面朝下放入油锅，一边将茄子翻面一边过油 4~5 分钟。然后关火，将茄子盛出放在垫着厨房纸巾的盘子里。

❸ 烹煮
锅中的油若变少，再添入 1 大勺左右的色拉油。中火加热，放入生姜炝锅，接下来放入豆瓣酱、味噌炒出香味后放入肉末，炒至散开。变干后放入葱，粗略翻炒一会儿。将 A 调料转圈倒入锅中，煮开后不时地摇晃平底锅，煮 2 分钟左右。

❹ 完成
放入淀粉糊勾芡。再次放入步骤 2 中炸好的茄子，上下翻炒。最后撒上芝麻油和辣椒粉。

【芹菜油豆腐炖菜】

清淡微甜的咸味，突出了芹菜的清香。
加上油炸豆腐，可以让菜肴的味道更好。

用料（2人份）
芹菜…2根
油炸豆腐…1块（30 g）
汤汁
┌ 料酒…2大勺
│ 盐…半小勺
└ 水…1杯

🗄 1人份含 502 kJ
🕐 烹饪时间 30 分钟

❶ 准备处理
把芹菜的筋去掉，把茎切成长 6 cm、宽 1 cm 的条状，把芹菜叶撕成方便吃的大小。在温热的水中搓洗油炸豆腐，去除水分后竖着切成两半，再切成 2 cm 宽。

❷ 煮
在小平底锅里放入煮汤汁的材料，再用中火煮。汤汁煮开之后，再加上芹菜茎、油炸豆腐，用小火煮大约 20 分钟。之后加上芹菜叶，快速搅拌即可。

- -

【炖南瓜】

带着汤汁的松软南瓜，是妈妈亲手烹制的味道。
在小一点的锅里把南瓜紧密地排好，中间不留空隙，这样煮的话不容易变形。

用料（2人份）
南瓜…四分之一个
（400 g）
汤汁
┌ 酱油…1大勺
│ 盐…少许
└ 水…半杯

🗄 1人份含 879 kJ
🕐 烹饪时间 20 分钟

❶ 切南瓜
把南瓜里面的籽和瓜瓤去掉，切成 4~5 cm 见方的块。用削皮器把皮削掉一些。

❷ 煮
在小的平底锅里放入煮汤汁的材料，用中火煮。煮开后，把南瓜带皮的一面朝下排列在锅内煮。等到再次煮开之后改小火，把浸湿了的厨房纸巾放上去，盖上盖子再煮 10~12 分钟。之后用竹签试着扎一下，能够扎透的话就可以关火了。

【日式煎蔬菜】

只要把用芝麻油煎出香味的蔬菜浸泡在干柴鱼的腌渍汁中即可。日式风味会渐渐渗入菜肴中。

用料（2~3 人份）
胡萝卜…半个（80 g）
藕（小）…1 节（100 g）
芦笋…4 个
胡麻油…1 大勺
腌制汁
├ 柴鱼汁
│ …1 杯（6~7 g）
│ 酒…四分之一杯
│ 酱油…2 大勺
│ 醋…1 大勺
└ 水…四分之一杯

🗑 1 人份含 460 kJ
🕐 烹饪时间 15 分钟
＊不包含调味的时间。

❶ 准备工作

清洗胡萝卜和藕，带皮切成厚 8 mm 的圆片状。把芦笋的根部切除，用削皮器把下半部分的皮去掉，切成一半的长度。

❷ 做腌制汁

把做腌制汁的用料放入平底盘中搅拌混合。

❸ 煎和腌制

在平底锅里倒入芝麻油，用中火加热，把步骤 1 中的蔬菜摊开放入，煎大约 4 分钟，然后翻面再煎 4 分钟取出，趁热把步骤 2 中的腌渍汁放入，腌制到冷却使之充分入味。

【德国泡菜】

加入醋后蒸煮，
就做出了酸洋白菜那样浓重的味道。

用料（方便做的分量）
洋白菜…4~5 片（300 g）
大蒜…1 瓣
橄榄油…2 大勺
A
├ 醋…2 大勺
│ 砂糖…1 大勺
│ 盐…半小勺
└ 水…四分之一杯

🗑 全量含 1214 kJ
🕐 烹饪时间 15 分钟
＊不包含冷却的时间。

保存
装入密封容器后放入冰箱里，大约 1 周内吃完。

❶ 准备处理
把洋白菜切成 1 cm 宽，把大蒜竖着切成 4 等份后除去蒜芯，和 A 调料混合在一起放置。

❷ 炒
在锅里放入橄榄油和大蒜，用中火烧出香味后，放入洋白菜，翻炒 2 分钟左右。

❸ 蒸煮
把 A 调料倒入后翻面，盖上锅盖用小火蒸煮大约 10 分钟后盛到盆里静置冷却，也可根据个人喜好放入冰箱冷却。

【腌制黄瓜】

甜酸适中，是百吃不厌的味道。
也可作为便当的菜肴。

用料（易做的分量）
黄瓜…3根
盐…3小勺
腌制汁
┌ 醋、水…各半杯
│ 砂糖…4大勺
│ 盐…1小勺
│ 黑胡椒（粗粒）
│ …半小勺
└ 红辣椒…1个

🗑 全量含544 kJ
⏱ 烹饪时间7分钟

＊不包含水煮沸和调味的时间。

保存
装入密封容器里后放入冰箱，
大约10天内吃完。

❶ 准备处理
黄瓜上撒满盐，在菜板上滚动揉搓入味（参照第28页），用水洗净后用厨房纸巾拭去水分，切成2 cm宽，放入密封容器里和腌渍汁的材料混合。

❷ 煮黄瓜
往锅里倒入3杯水用大火煮，煮开后换成中火，把黄瓜放入煮2分钟，用漏网把水沥掉。

❸ 腌制
趁步骤2中的黄瓜还热时放入腌制汁里腌制，放3小时以上充分入味。

【咖喱味腌胡萝卜】

只要把胡萝卜腌在煮好的汤汁里即可。
是一道口感脆爽又有特殊香味的西式泡菜。

用料（方便做的分量）
胡萝卜（大）
…1根（200 g）
腌制汁
┌ 醋…半杯
│ 砂糖…3大勺
│ 盐…1小勺
│ 咖喱粉…1小勺
└ 水…半杯

🗑 全量含963 kJ
⏱ 烹饪时间5分钟

＊不包含调味的时间。

保存
装入密封容器后放入冰箱，
大约1周内吃完。

❶ 准备处理
仔细清洗胡萝卜，带皮切成两段，之后切成1 cm粗细的条状。

❷ 腌制
把腌制汁放入锅里，用中火烧开后煮1分钟。把步骤1中的胡萝卜放入锅中，煮30秒后停火，连汤汁一起盛到密封容器中，放3小时以上充分入味。

干货的人气菜谱

这是凝结了先人智慧的干货料理。泡发到软硬适中的程度，使味道渐渐渗入。让我们一起学习这些有着浓郁香味、令人百吃不厌的经典菜谱吧！

【粉丝沙拉】

粉丝口感 Q 弹，蔬菜丝腌制得软硬适中。
做成酸甜的味道，是一道适合下饭的沙拉。

用料（2 人份）
粉丝（干）…70 g
紫色莴苣叶…2 片
黄瓜…1 根
胡萝卜…四分之一根（35 g）
盐水
┌ 盐…半小勺
└ 水…3 大勺
蟹鱼糕（类似蟹肉棒）…2 根
中式沙拉调料
┌ 醋…2 大勺
│ 酱油…2 大勺
│ 砂糖…1 小勺
│ 豆瓣酱…半小勺
└ 芝麻油…2 大勺

🗑 1 人份含 1172 kJ
🕐 烹饪时间 10 分钟
＊不包含泡紫色莴苣叶、用盐水腌制蔬菜和煮开热水的时间。

❶ 蔬菜的准备处理
将紫色莴苣叶撕成方便吃的大小，然后泡在冷水里约 20 分钟去除涩味，使之变得更脆。将黄瓜和胡萝卜切成条状，然后放进碗里，放入盐水中腌制约 10 分钟。

❷ 粉丝的准备处理
向锅内倒入 5 杯水煮开后放入粉丝，用中火煮约 1 分钟。然后从水中捞出放凉，放进漏网控水，再用厨房纸巾去除水分。如果粉丝太长，可以用厨用剪刀剪成方便吃的长度。

❸ 调底味
将做中式沙拉调料的用料混合搅拌。将步骤 2 中准备好的粉丝放入盆里，加上一半量的沙拉调料，用手揉捏搅拌。

❹ 拌
将准备好的紫色莴苣叶、黄瓜和胡萝卜去除水分，撕开蟹鱼糕。将以上食材全部放入步骤 3 调好的底味中，把剩下的沙拉调料倒入，用手揉搓搅拌即可。

用料（2 人份）
羊栖菜（干）…4 大勺
（20 g）
油炸豆腐…1 片
胡萝卜…三分之一根
（50 g）
芝麻油… 1 大勺

A
┌ 料酒…3 大勺
│ 酱油…2 大勺
└ 水…三分之二杯

🗑 1 人份含 628 kJ
⏱ 烹饪时间 40 分钟
＊不包含泡发羊栖菜的时间；
最好选用小羊栖菜，如果羊
栖菜很长，就把泡发时间延
长至 30 分钟，泡发后切成易
于食用的长度。

❶ 泡发羊栖菜
将羊栖菜稍作清洗后擦干
水渍。浸入 2 杯水中，放
置 20 分钟泡发至柔软。
之后倒在漏网上，用厨
用纸巾拭去水分（参照
第 61 页）。

❷ 相关准备
将油炸豆腐在温水中慢
慢搓洗（参照第 59 页），
挤干水分，纵向切成
1 cm 宽。将胡萝卜清洗
干净，带皮切丝。将 A
调料拌匀待用。

❸ 先炒后煮
在锅中倒入芝麻油，中
火加热，放入胡萝卜翻
炒约 1 分钟。然后加入
羊栖菜、油炸豆腐翻炒，
炒匀后，倒入 A 调料。
煮开后盖上用水浸湿的
厨用纸巾，再盖上盖子
用小火煮 15~20 分钟。
最后掀开盖子，用中高
火 熬 煮 5 分钟，收干
水分。

【煮羊栖菜】

柔软的羊栖菜中渗透着浓厚的甘咸香味。
加上油炸豆腐的浓香，美味更上一层。
这是一道简单易做的私家小菜。

【酱渍萝卜干蔬菜】

爽口的酱醋味浓浓地渗入萝卜干。
如同爽口沙拉般，是一道带有芹菜清香的凉拌小菜。

用料（2 人份）
萝卜干… 40 g
芹菜…1 根（100 g）
红彩椒…半个（80 g）
红辣椒…1 个
酱汁

┌ 醋…四分之一杯
│ 酱油…2 大勺
│ 料酒…1 大勺
└ 水…四分之一杯

🗑 1 人份含 502 kJ
⏱ 烹饪时间 10 分钟
＊不包含放入冰箱冷藏的时间。

❶ 清洗萝卜干
将萝卜干稍作清洗后擦
干水渍，放入碗中倒入
1 杯水，然后搓洗。待
出泡沫后拧干水分，照
此重复 2 次。

❷ 切其他材料
将芹菜叶、茎分离，除
去茎上的筋后斜切成薄
片，芹菜叶切成 2~3 cm
的大片。红彩椒去蒂和
籽，斜切至 4~5 mm 见
方大小。红辣椒去籽。

❸ 腌渍
将酱料的用料倒入碗中
搅拌，放入萝卜干搅拌，
加入步骤 2 中的材料，
放入冰箱 1 个小时等待
入味。

米饭类的人气食谱

做饭变得越来越顺手了，那就挑战一下米饭料理吧。材料多多的菜饭，颗粒分明的炒饭，精美悦目的寿司。学会了，就是一生的本领。

【鸡肉蘑菇饭】

鸡肉的美味渐渐渗入米饭。
蘑菇的浓香与胡萝卜的多彩，是滋味香浓的待客佳品。

用料（2~3 人份）
米…360 ml
鸡胸肉…1 块（200 g）
口蘑…1 包（100 g）
胡萝卜…三分之一根（50 g）
酱油…2 大勺

A ┌ 水…1.5 杯（300 ml）
  │ 盐…三分之一小勺
  └ 酱油…1 大勺
海青菜粉…适量

🗑 1 人份含 2177 kJ
🕐 烹饪时间 10 分钟
＊不包含将米放在漏网上控水、煮熟的时间。

❶ 准备处理
米淘净后盛至漏网上晾 30 分钟（参照第 94 页）。口蘑去柄切成小块。将胡萝卜洗净，带皮切成 5 mm 大小的扇形。将鸡肉多余的脂肪去掉，切成 3 cm 大小的丁状。

❷ 为配料调味
将鸡肉、口蘑、胡萝卜放入碗中，浇上酱油调味。

❸ 煮饭
将米放入电饭锅内胆中，把 A 调料搅拌均匀后浇上。将表面抚平，把步骤 2 中的配料连同调味料一起铺上，然后像往常一样煮。煮好后直接搅拌均匀，然后盛出来，撒上海青菜粉。

【颗粒分明的炒饭】

一粒粒的米饭，有着培根、香菇与韭菜的香气。
米饭中拌入鸡蛋，是炒出颗粒分明效果的关键！

用料（2 人份）
米饭…400 g
培根…6 片
香菇…4 朵（60 g）
韭菜…半捆（50 g）
鸡蛋…2 个
盐…适量
芝麻油…适量
蚝油…2 小勺
胡椒粉…少许

🍱 1 人份含 2637 kJ
🕐 烹饪时间 15 分钟
＊米饭冷热均可。

① 准备处理

将培根切成 1.5 cm 见方的方形。香菇去柄切成薄片，韭菜切成 2 cm 长的小段。鸡蛋打入盆中，均匀搅散（约 30 次 / 第 62 页）。将米饭放入另一个盆中，加上蛋液、两小撮盐，再用木勺将米饭整体均匀搅拌至黄色。

② 炒

在平底锅中放入 2 大勺芝麻油加热，把香菇平摊在锅底上，放置 1 分钟，然后上下翻炒大约 1 分钟。将平底锅的中间空出来，把步骤 1 中的米饭放进去。不把米饭打散，用木铲立起来像切东西一样戳几下，把饭在锅中间摊开，保持 1 分钟。接着用木铲贴着底部把米饭上下翻面，一边上下戳着搅拌一边炒 3 分钟，加入培根与韭菜一起炒。炒到米饭颗粒分明，鸡蛋不粘锅底为止。

③ 完成

撒上半小勺盐，将平底锅中央空出，加入蚝油，再炒约 1 分钟后，撒上胡椒粉，再稍稍圈淋些芝麻油。最后调至大火快炒，炒出香味与色泽。

【细卷寿司】

用保鲜膜来制作黄瓜饭卷和生金枪鱼片海苔寿司卷吧。
如果使用切成较大鱼块的金枪鱼，会更实惠哦！

用料（8 根、2~3 人份）
米…360 ml
水…四分之三杯（350 ml）
色拉油…半小勺
寿司醋
　醋…3 大勺
　砂糖…1 大勺
　盐…1 小勺
黄瓜…1 根
盐…1 小勺
金枪鱼（生鱼片用、较大的鱼块）
…100 g
烤海苔（完整）…4 片
芥末…适量

🍚 1 人份含 1800 kJ
🕐 烹饪时间 20 分钟

＊不包含将米放在漏网上晾、煮饭和将寿司饭放凉的时间。

❶ 煮饭
煮饭前，提前至少 30 分钟淘洗大米，然后晾到漏网上。把米放入电饭锅，加进适量的水和色拉油混合，和平时一样煮饭（参照第94~95 页）。

❷ 制作寿司饭
把制作寿司醋的用料事先混合好备用。把煮好的饭移至一个较大的盆里，转着圈儿把寿司醋倒进去，用盛饭的勺子边铲边切，将其混合均匀铺开，用湿润的厨房纸巾盖起来，再松松地盖上保鲜膜，冷却到人肌肤的温度即可。

❸ 准备食材
把黄瓜涂满盐，然后在菜板上滚动揉搓腌制入味（参照第 28 页），快速清洗并用厨房纸巾擦拭干净水分，然后竖着切成 4 等份。金枪鱼

切成约 1 cm 见方的块，海苔切成长边的一半。

❹ 卷上
把保鲜膜展开，在中间放上一片海苔，把八分之一的寿司饭放在上面，向着对面均匀铺开，外侧边缘预留出 1 cm。在中间涂上芥末，把四分之一的金枪鱼（或者切好的一条黄瓜）放在上面（左图）。把内侧一端带着保鲜膜拿起，从里向外卷起来（右图）。剩下的也同样卷起来，把带着保鲜膜的寿司切成方便吃的长度，取下保鲜膜后装盘。

【三文鱼棒寿司】

把熏制的三文鱼片倾斜摆放，再用保鲜膜卷起来，
单看外形就很漂亮的正宗三文鱼棒寿司就完成了。

用料（2 根、2~3 人份）
米…360 ml
水…近 2 杯（350 ml）
色拉油…半小勺
寿司醋
┌ 醋…3 大勺
│ 砂糖…1 大勺
└ 盐…1 小勺
烟熏三文鱼片…16 片
青紫苏… 10 枚
柠檬…适量

🗑 1 人份含 1967 kJ
🕐 烹饪时间 20 分钟
＊不包含将米放在漏网上晾、煮饭和
将寿司醋饭放凉的时间。

❶ 制作寿司饭
同细卷寿司菜谱（参照第 140 页）
中的步骤 1 和步骤 2，煮出同样的
寿司饭，分成 4 等份。

❷ 准备食材
把青紫苏摆起来横着放，把茎切下
来后卷起，从一端开始切丝。

❸ 卷上
把保鲜膜横向展开，在中间放上 8
片烟熏三文鱼，稍微重叠着斜摆在
上面，把寿司饭的四分之一横向放
在上面，放上一半量的青紫苏（左
图）。再放上寿司饭的四分之一，把
内侧一端带着保鲜膜拿起来，从内
侧向外卷起来（右图），放在铝箔纸
上包起来，整理成棒状。剩下的也
是同样的做法，然后带着铝箔纸切
成方便吃的长度，把铝箔纸取下装
盘，再配上切成弓形的柠檬。

面类的人气食谱

下面为您推荐一些在家中食用的面类菜谱，制作起来比较简单。掌握好恰当的烹煮时间及调味的要领，一盘值得珍藏的美食就完成了。作为午餐与酒搭配也是绝配哦。

【 辣炒意大利面 】

简单的意大利面，用大蒜、橄榄油、红辣椒制作而成。
把捣碎的大蒜放入锅中慢慢炒出蒜香味吧。

用料（2 人份）

意大利面…160 g
大蒜…3~4 瓣
橄榄油…4 大勺
红辣椒…2 根
盐…适量
香芹…1~2 大勺

🗑 1 人份含 2260 kJ
🕐 料理时间 20 分钟

① 准备处理

把大蒜用木铲拍碎，除去芯。将红辣椒用水泡约 5 分钟，把它泡回到柔软的状态，除去水分，除去籽，撕碎。

② 煮意大利面

将锅内放入约 2 L 水烧开，转成中火，放入 1 大勺多（约多 1%）的盐，再放入意大利面开始烹煮。煮的时间要比包装袋上所标时间少 2 分钟。

③ 炒面

在平底锅中放入步骤 1 中的大蒜、橄榄油，用中火炒。当大蒜变为黄褐色时关火，放入红辣椒、不到半小勺的盐、香芹。大蒜快要发焦时放入 3~4 大勺的煮面汤。

④ 混上意大利面

将煮熟的意大利面用夹子夹到步骤 3 的平底锅中，转为中火。用夹子边搅动边翻炒 20~30 秒，直到水分收干让汤汁充分包裹到面上为止。

【 黑胡椒意面 】

用蛋黄与鲜奶油制作而成的经典料理。
将蛋黄与意面放在大碗中混合，是做出柔嫩意面的要领。

用料（2 人份）
意大利面…160 g
培根…4 片（80 g）
大蒜…1 瓣
黑胡椒（粒）…少许

A　┌ 蛋黄…3 个
　　│ 鲜奶油…半杯
　　└ 芝士粉…3~4 大勺

盐…适量
橄榄油…1 大勺

🍲 1 人份含 3642 kJ
🕐 烹饪时间 15 分钟

＊剩余的蛋清可用于味噌汤
或其他汤类。

❶ 准备处理
培根切成 2 cm 宽。捣碎大蒜，除
去芯。黑胡椒放到厨房纸巾中包
住，再用勺子碾碎。在大盆中放入
A 用料，混合后备用。

❷ 煮意面
将锅内约 2 L 水烧开，转成中火，
放入 1 大勺多（约多 1%）的盐，
放入意大利面开始烹煮。煮的时间
要比包装袋上所标时间少 2 分钟。

❸ 炒面
在平底锅中放入橄榄油、大蒜、培
根，用中火翻炒，约 5 分钟后，培
根炒到柔软时关火。将意大利面煮
好后，用夹子夹到平底锅中，用中
火翻炒 20~30 秒。

❹ 搅拌混合
将步骤 3 中的面连油一起放入装有
A 调料的盆中，然后快速搅拌混合。
最后盛放到器皿中，撒上胡椒。

【 酱汁炒面 】

配菜只需要猪肉、洋白菜、洋葱。做法简单，有某种令人怀念的传统味道。
按正确步骤恰当炒制，面和配菜都会变得超级好吃。

用料（2 人份）
中华面（蒸）
…2 团（300 g）
酱油…1 大勺
洋白菜…4~5 片（200 g）
洋葱…半个
猪肉片…100 g

A ⎡ 中浓酱汁…3 大勺
  ⎣ 酱油…2 小勺

色拉油…1 大勺
红生姜…适量

🗑 1 人份含 2386 kJ
🕐 烹饪时间 15 分钟

❶ 准备处理

把中华面放到耐热盘上，轻轻地用保鲜膜密封起来放进微波炉（600 W）加热大约 1 分钟，这样做能让面变得容易散开。将加热好的面取出放进盆里，加入酱油，搅拌面条使酱油完全渗入。将洋白菜切成约 5 cm 见方的方形，洋葱沿纤维切成薄片。放入 A 调料混合搅拌。

❷ 炒

将色拉油倒入平底锅，并用中火加热，依次放入猪肉、洋白菜、洋葱，用木铲轻压约 1 分钟使之变热，然后上下翻炒约 1 分钟。空出煎锅中间的位置放入中华面，用木铲轻压约 1 分钟，然后翻炒搅拌，并不时地用木铲和筷子夹着面条轻轻挑起。

❸ 调味

再次空出平底锅中间位置加上 A 调料，调料加热沸腾后使之与中华面混合，再炒约 1 分钟。最后将炒面装到碗里，加入适量的红生姜。

【清汤萝卜泥酸梅荞麦面】

大量的萝卜泥和梅干的酸味搭配，产生了双倍的清爽感受，再拌上调过味的纳豆，就是不需要面汤、做法简便的荞麦面。

用料（2 人份）
荞麦面（干）…200 g
萝卜…四分之一根
梅干…2 个
纳豆…2 包（100 g）
酱油…2 大勺
香葱…5 根

🍴 1 人份含 1842 kJ
🕐 烹饪时间 15 分钟

❶ 准备处理
把萝卜磨成泥放入漏网轻轻除去水分，梅干去核。纳豆中加入酱油仔细搅拌入味，把香葱切小段。

❷ 煮面，洗面
向锅里倒入大量开水（约 2 L）煮沸，然后将荞麦面放入锅中搅拌。面煮开之后用中高火煮大约 6 分钟（或者依据所标的时间煮）。将煮好的面捞起放在漏网上，用低温流水搓洗放凉，彻底除去水分（参照第 87 页）。

❸ 装盘
将荞麦面装进碗里，加入萝卜泥、纳豆、梅干，撒上葱花。

第 4 堂课　掌握人气菜单

【油豆腐水菜乌冬面】

油炸豆腐渗透着鲜汁汤的美味，水菜松脆爽口。配菜相互搭配的精妙之处使得乌冬面美味倍增。

用料（2 人份）
冷冻乌冬面
…2 团（400 g）
油炸豆腐…1 块（30 g）
水菜…30 g
汤汁
├ 汤汁（第 98 页）
│ …3 杯
├ 酱油…2 大勺
└ 酒…1 大勺
七味辣椒粉…少许

🍴 1 人份含 1549 kJ
🕐 烹饪时间 10 分钟

❶ 准备处理
将油炸豆腐放在温水中冲洗并挤干水分，竖着对半切开后再切成 1.5 cm 宽（参照第 59 页）。

❷ 做汤汁
在稍小的锅中放入汤汁用料，用中火煮。煮开后加入油炸豆腐，再煮约 2 分钟后关火。

❸ 煮乌冬面
将冷冻的乌冬面放入平底锅，倒入 2 杯水。盖上锅盖加大火煮，煮开后掀开锅盖，用筷子将面搅散后捞起放入漏网，用冷水冲洗（参照第 87 页）。

❹ 装盘
将乌冬面装进碗中，淋上做好的汤汁，放入切成 5 cm 长的水菜，撒上七味辣椒粉。

145

汤菜类的人气菜谱

最大限度地发挥出食材美味的汤菜和汤，有让心灵和身体放松的力量。多多使用配料的话，即使是简单的菜谱也能变得非常诱人。敬请期待日式、西式、中式的味道吧！

【 鸡肉丸子蘑菇汤 】

柔软的肉丸子使鸡肉的美味瞬间提升。
蘑菇轻轻一咬便鲜汁四溢，让我们尽情享受这浓郁的味道吧。

用料（2 人份）

肉丸用料

> 鸡肉馅…200 g
> 鸡蛋…1 个
> 面粉…3 大勺
> 盐…四分之一小勺

蘑菇…半袋（50 g）
平菇…半包（50 g）

A
> 料酒…2 大勺
> 酱油…1 大勺
> 盐…半小勺

葱…适量

🗑 1 人份含 1298 kJ
⬇ 烹饪时间 25 分钟

❶ 准备处理

将蘑菇的根部去掉并切成 3 cm 的长度，将平菇切成小块，细葱斜切成 3~4 cm 长的段。将做肉丸子的材料放入盆里，用手揉捏搅拌腌制约 2 分钟。

❷ 煮蘑菇

向锅里注入 2.5 杯的水，将切好的蘑菇和平菇放入并用中火煮。煮开之后改用小火煮约 3 分钟，之后加入 A 调料混合调味。

❸ 加入肉丸子煮

用勺子将腌制好的肉舀出，再拿一个勺子把舀出的肉整形，将肉弄成一口大小的圆丸子放入步骤 2 的锅中，全部放进去后再用中火煮，煮开之后用小火煮 8~10 分钟后撇出浮沫。煮好之后装进碗里，撒上葱花即可。

【 猪肉味噌汤 】

将萝卜和胡萝卜煮得既有恰到好处的嚼劲又不失柔软。
猪肉的美味深深地渗入其中。

用料（2 人份）
猪五花肉（薄片）…
150 g
萝卜…200 g
胡萝卜…三分之一根
（50 g）
芝麻油…2 小勺
A ┌ 味噌…2 大勺
　└ 酱油…1 大勺
葱叶…适量

🗑 1 人份含 1674 kJ
🕐 烹饪时间 25 分钟

❶ 准备处理
将萝卜和胡萝卜切成厚度
为 8 mm 的扇形，葱切碎，
将猪肉切成 5~6 cm 宽。

❷ 炒
向锅里倒入芝麻油，用
中火加热，然后放入萝
卜和胡萝卜炒约 2 分钟。
炒到与油融合之后加入
猪肉，炒到猪肉颜色变
白为止。

❸ 煮
倒入 3 杯水，煮开之后
撇出浮沫，用小火煮约
10 分钟。将 A 中用料混
合，然后将约半勺的量
放入煮着的汤汁中充分
搅拌，之后再倒进锅里，
煮约 5 分钟，使之入味。
煮好后装进碗里，撒上
葱花。

用料（2 人份）
鸡蛋…1 个
香菇…2 个
芽苗菜…30 g
高汤（第 98 页）…2 杯
A ┌ 料酒…1 小勺
　├ 盐…半小勺
　└ 酱油…半小勺
水溶淀粉
　┌ 淀粉…1 小勺
　└ 水…2 小勺

🗑 1 人份含 251 kJ
🕐 烹饪时间 15 分钟

❶ 准备处理
香菇去除根部并切成薄
片，将鸡蛋打入碗里充
分搅拌（40~50 次 / 第
62 页）。

❷ 煮
向小锅里放入高汤和 A
调料，并用中火煮，煮
开之后加入香菇，煮约
30 秒。水和淀粉充分搅
匀之后转着圈倒入锅中，
混合至黏糊状。

❸ 加入搅拌好的鸡蛋
汤汁煮开之后，将搅拌
好的鸡蛋一半转着圈缓
缓淋入，约 5 秒之后，
将剩下的鸡蛋也同样转
着圈倒入。然后用筷子
大幅度慢慢地搅拌混合
之后关火。最后装进碗
里，放上切掉根部的芽
苗菜。

【 鸡蛋汤 】

一道以软乎乎的鸡蛋为主角的简单汤菜。
加上切得薄薄的香菇片，无论是香味还是口感都
让人感到充实而满足。

【蛤蜊浓汤】

用牛奶煮蛤蜊，制成奶油状的经典西式浓汤。
调节火候不让牛奶煮沸，可使汤汁更具风味。

用料（2 人份）
蛤蜊（带壳）…200 g
盐水
[盐…1 小勺
[水…1 杯
洋葱…四分之一个（50 g）
土豆…1 个（150 g）
黄油面酱
[黄油…2 大勺
[面粉…2 大勺
黄油…1 大勺
牛奶…1.5 杯
盐…半小勺
胡椒…少许
芹菜（切碎）…适量

🗑 1 人份含 1465 kJ
🕐 烹饪时间 20 分钟
＊不包含蛤蜊去沙子、黄油恢复到常
温的时间。

❶ 准备处理
将蛤蜊泡在盐水中 30 分钟以上，
除去沙子，洗好并去除水分（参
照第 57 页）。待做黄油面酱的黄
油恢复到常温后，加入面粉混合
搅拌。将洋葱和土豆切成 1 cm 见
方的块。

❷ 炒煮
将黄油放入锅中并用中火加热，放
入洋葱和土豆炒约 3 分钟。然后
加入蛤蜊和半杯水煮开，蛤蜊的口
打开后就将蛤蜊取出来。之后倒入
牛奶，快要煮开时改用小火煮约
5 分钟。

❸ 完成
向事先混合好的黄油面酱中加入约
半勺的汤汁，充分融合后倒入锅中
混合搅拌至黏糊状。将步骤 2 中煮
好的蛤蜊放回锅内煮约 30 秒，然
后加入盐、胡椒调味。最后装进碗
里，撒上芹菜。

【意式菜丝汤】

五种蔬菜的美味凝缩而成的醇厚味道，添加熏猪肉和大蒜使味道更加浓郁。这是一道食材丰富的汤菜。

用料（2 人份）
土豆…1 个（150 g）
胡萝卜…半根（100 g）
洋葱…半个（100 g）
青椒…1 个
洋白菜…2~3 片（150 g）
熏腊肉…3 片
大蒜…1 瓣
橄榄油…3 大勺
汤汁
┌ 盐…1 小勺
│ 醋…1 小勺
└ 水…2 杯

🗑 1 人份含 1674 kJ
🕐 烹饪时间 40 分钟

❶ 准备处理

土豆纵向切成 4 等份，1 cm 宽。在水中浸泡 5 分钟再除去水分。把胡萝卜切成 1 cm 厚的扇形。洋葱从一端切成 1.5 cm 见方，青椒纵向对半切开去蒂、去籽，并切成 1.5 cm 见方。洋白菜切成 2 cm 宽的方形。熏腊肉切成 2 cm 宽，大蒜粗切成碎丁状。

❷ 炒煮

往锅里放 2 大勺橄榄油，放入大蒜调中火，炝锅炒出香味后，放入土豆和洋葱炒 2 分钟。加 1 大勺橄榄油，加入熏腊肉迅速翻炒。放入洋白菜、胡萝卜再炒大约 2 分钟。

❸ 完成

加入准备好的汤汁用料，将锅里的食材表面抚平，盖上盖子。煮开了放入青椒，再次煮开后调小火，盖上锅盖再煮 15~20 分钟。

【西洋醋汤】

蔬菜的温和风味加上黄油，浓郁的口感和风味大大提升！香肠的浓厚美味与醋的酸味融合，非常美味。

用料（2人份）

维也纳香肠…2~3根（60 g）

洋葱…半个（100 g）

芹菜茎…1根（80 g）

西红柿…1个（200 g）

色拉油…1大勺

A ⎡ 盐…半小勺
  ⎣ 水…1.5杯

黄油…近1大勺（10 g）

醋…2小勺

黑胡椒（粗粒）…少许

🗑 1人份含963 kJ

🕐 烹饪时间20分钟

① 准备处理

香肠切成2 cm宽，洋葱由一端起切成1.5 cm见方。芹菜除筋切成1.5 cm宽。西红柿去蒂切成2 cm见方。把A调料充分混合准备好。

② 炒煮

往锅里倒入色拉油，开中火加热，香肠炒1分钟左右。溢出香味后放入洋葱、芹菜炒2分钟左右，加入西红柿再炒2分钟，倒入混合好的A调料。煮开后调小火，撇去浮沫再煮7~8分钟。

③ 完成

按顺序加入黄油、醋，与汤汁混合溶开黄油。盛入容器中撒上黑胡椒。

用料（2人份）

鸡蛋液

⎡ 鸡蛋…1个
⎢ 鸡肉馅…50 g
⎣ 酱油…1小勺

玉米（小号罐头/奶油型）…三分之二罐（150 g）

A ⎡ 芝麻油…半小勺
  ⎢ 盐…半小勺
  ⎣ 胡椒…少许

加水淀粉

⎡ 淀粉…2小勺
⎣ 水…4小勺

香葱…适量

🗑 1人份含670 kJ

🕐 烹饪时间10分钟

＊剩下的玉米可做西式炒鸡蛋和味噌汤。

① 准备处理

往碗里打入鸡蛋，充分搅拌（40~50次/第62页），加入肉馅、酱油充分混合，制作鸡蛋液。

② 煮开至黏稠

在小锅里放入玉米、1.5杯水和A调料，中火加热。煮开后，一边搅拌混合一边倒入用水溶解开的淀粉，搅拌混合至黏稠状态。

③ 加入蛋液制作完成

再次煮开时，将步骤1中的蛋液盛出约1杯，绕锅转圈倒入，等待大约5秒钟，再转圈倒入剩下的蛋液。煮大约20秒，将肉馅煮熟后，用筷子大幅度搅拌关火。盛入容器，加入香葱。

【中式玉米浓汤】

把鸡肉馅放入蛋液中混合，大大提高了美味度。这是一道与奶油玉米的甘甜融为一体、风味浓厚的汤。

初江的智慧锦囊

调料汁和沙司

一道一道的料理做好了，加入酱汁，
可以毫不费力地让料理更加美味。
接下来让我向您介绍一下预调酱汁的菜谱吧！
这会让您擅长的领域一下子就拓宽了呢！

可使用的 "调料汁"

能轻松享受到浓郁味道的自制调料汁，直接当作调味料来使用也不错，市面出售的调料汁口味一般，所以这是充满独创性的美味。

【 和风黑高汤 】

配料只有酱油和味啉。长时间熬制并收干水分，这样就变得可以长时间储存了。

用料（方便制作的分量）
金针菇（大）…2 袋（300 g）
烤海苔（整片）…4 片
酱油…6 大勺
味啉…4 大勺

🗑 总量含 1423 kJ
⏱ 烹饪时间 15 分钟
＊大约能做出 300 ml。

① 准备处理
把金针菇的根部切掉，切成 1 cm 长。把海苔撕成 1~2 cm 见方的四方形。

② 煮
把步骤 1 中的食材、酱油、味啉放入锅中混合，盖上锅盖调中火，煮大约 3 分钟。拿开锅盖，上下翻面不断搅拌 4~5 分钟，一直煮到汁水渐渐消失为止。

⭕ 保存
装入密封容器中储存，冷却后盖上盖子，放入冰箱冷藏，在 3 周内吃完。

⭕ 实例
可用于炒饭时调味、煮猪肉片等。也推荐用于意大利面、拌西红柿、煮菠菜等菜式烹饪中，倒入开水就成为即食汤了。

配米饭
温热的米饭配上"和风黑高汤"，海苔的香味就衬托出来了。同样可以搭配茶泡饭。

使用和风黑高汤

黑高汤炒鸡肉

用料（2 人份）
鸡胸脯肉 1 片（200 g），胡萝卜半根（80 g），面粉 1 大勺，色拉油 1 大勺，和风乌黑调料汁 6 大勺

1　胡萝卜切成丝。鸡肉纵向切成两半，再片切成薄片，裹上面粉。
2　平底锅中倒入色拉油，开中火加热，将鸡肉带皮的一面朝下，一片片放入油锅。在鸡肉周围摊开放入胡萝卜，放置约 2 分钟，上下翻炒混合约 1 分钟。
3　加上和风乌黑调料汁，搅拌到整体都挂上汤汁的效果。

1 人份含 1381 kJ
烹饪时间 10 分钟

【 万能蒜香酱油 】

酱油的味道加上蚝油和芝麻油，浓郁口感和风味大大提升。切成粗碎丁状的大蒜的口感也十分诱人，放置 1 天使味道充分融合。

用料（方便制作的分量）
大蒜…4 瓣
酱油…6 大勺
蚝油…6 大勺
醋…4 大勺
砂糖…2 大勺
酒…2 大勺
芝麻油…2 大勺

🗑 总量含 2428 kJ
🕐 烹饪时间 5 分钟

＊大约能做出 300 ml，建议使用味道清淡的谷物醋，放入冰箱省去调和味道的时间。

① **准备处理**
将大蒜切成粗碎丁状。

② **混合**
将大蒜和剩余材料放入盆中，用硅胶铲等充分搅拌混合。放入冰箱冷藏大约 1 天时间，让味道充分融合。

○ **保存**
放入密封的容器里，盖上盖子放入冰箱冷藏，在 1 个月内吃完。

○ **实例**
有烤肉调料汁的口感，可用于调肉的底味，当调味汁使用，也可作为中式沙拉调料拌沙拉。淋在金枪鱼生鱼片或煮鸡蛋上就成为一道具有感染力的美味菜肴。

浇豆腐
充分搅拌混合"万能蒜香酱油"，浇在切开分好的豆腐上，就做成了一道具有浓郁中式风味的凉拌豆腐了。

【 甜咸味花生调料汁 】

只是将花生酱与调味料混合的简单做法。融入不同的风味可以让拿手菜变得更多样。依据个人喜好也可加入辣椒油。

用料（方便制作的分量）
花生酱（加糖，颗粒型）
…6 大勺（约 80 g）
砂糖…2 大勺
　　┌ 酱油…3 大勺
A │ 醋…1 大勺
　　└ 水…1 大勺

🗑 总量含 2595 kJ
🕐 烹饪时间 5 分钟

＊大约能做出 150 ml。花生酱过甜的话可以只放 1 大勺。

① **搅拌花生酱**
将花生酱放入碗中，用硅胶铲搅拌约 1 分钟，这样做香味更浓郁。

② **搅拌混合**
加入砂糖，充分搅拌混合，令砂糖融入花生酱。一点点加入 A 调料，这时用硅胶铲充分搅拌混合直到花生酱表面变得平滑。

○ **保存**
放入密封的容器里，盖上盖子放入冰箱冷藏，在 3 周内吃完。

○ **实例**
用于水煮蔬菜和炸豆腐，淋在撕碎的洋白菜上制成沙拉。还可以涂在烤饭团上，或用于煎鱼的调味。如果酱料变硬，用少量的水和牛奶溶化搅开就可以了。

烤年糕酱料
用烤架、吐司炉、煎锅等适度煎烤切片的年糕，并趁热加上"甜咸味花生调料汁"。

自制"沙司"

将白沙司和红葡萄酒沙司一起调制的话，就能充分享受西餐厅的正统风味。按照步骤调制的话，即使是第一次制作也不会失败。用手边的材料就可以制作，非常简单。

【白沙司】

白沙司在奶油状料理中是必不可少的。抓住要点一气呵成地做出来吧！可以做得略多些，冷冻保存也很方便。

用料（方便制作的分量）
黄油…4 大勺（50 g）
面粉…3 大勺（30 g）
牛奶…2.5 杯
盐…半小勺
胡椒…少许

🗑 总量含 3516 kJ
🕐 烹饪时间 15 分钟
＊能做出大约 450 ml。

① 炒面粉

黄油切 1 cm 见方的小块。将黄油放入小锅，调中火。黄油溶化后，将面粉放进漏网，一边筛一边加入黄油中。用硅胶铲快速搅拌混合，炒制约 1 分钟。

② 加入牛奶

将锅离火，放在湿布上稍冷却，加入约 1 大勺牛奶快速搅拌混合，此步骤重复 3~4 次。液体相互融合后，将剩下的牛奶分 2~3 次加入，每次加入后都充分搅拌混合。

③ 煮

牛奶全部加入后，再次调中火，一边搅拌一边煮。煮到沸腾、冒出咕嘟咕嘟的气泡后，再一边不停地搅拌一边煮，持续 2~3 分钟时间。煮到厚厚的鼓起来的状态、用硅胶铲搅拌能看到锅底时的浓度后，加入盐、胡椒搅拌均匀。

◎ 保存

放入密封的容器里，冷却后盖上盖子放入冰箱冷藏。或装入可密封的塑料袋中，放凉后进行冷冻。保存期限：冷藏大约 2 周，冷冻大约 1 个月。使用冷冻的沙司时，需要自然解冻。做炖菜的时候，也可以把冷冻状态的沙司直接加进去。

◎ 实例

做好后（或者用微波炉加热后）的沙司，可以用来拌意大利面、加入水煮蔬菜里。涂在主食面包上，再放上火腿和奶酪一起烤也同样美味可口。还可以用牛奶稀释，作为菜肉蛋卷的沙司食用。

搭配西蓝花食用
在用开水焯过的西蓝花上，浇上足量热乎乎的白沙司，边蘸边吃。

使用白沙司

西式鲜虾芜菁浓汤

用料（2 人份）
虾（无头 / 带壳）…8 只（150 g）
盐、黑胡椒…适量
面粉…2 小勺
芜菁…3~4 个（200~250 g）
芜菁叶（柔软处）…适量
蟹味菇…1 包（100 g）
黄油…1.5 大勺（20 g）
白沙司…1 杯

1　剥去虾壳，在背部切开划痕，去除虾线，用水冲洗后用纸巾擦干。稍微撒上些盐和胡椒，裹上面粉。把芜菁竖向切 4 等份，叶子切成 4~5 cm 长。蟹味菇切去根部，分成小朵。

2　在锅中将黄油用中火溶化，将虾与蟹味菇炒大约 1 分钟。然后熄火，盛到盘中。

3　在步骤 2 的锅中放入 1 杯水，加入芜菁，再开到中火。煮开后盖上锅盖用小火煮 10 分钟。加入白沙司搅拌开，再将虾与蟹味菇倒入锅中，加入一些芜菁叶。调至中火，煮熟后改小火煮大约 5 分钟。最后加入少许盐与黑胡椒适当调味。

1 人份含 1465 kJ
烹饪时间 30 分钟

【红酒沙司】

用大火迅速煮制，酒精挥发后，红酒的味道会清淡许多。蜂蜜醇厚的香甜味道为调味汁增添了更丰富的风味。

用料（方便做的分量）
红酒…1.5 杯
大蒜…2 瓣
A ⎡ 酱油…8 大勺
　 ⎢ 蜂蜜…6 大勺
　 ⎣ 醋…3 大勺

🗑 总量含 3056 kJ
🕐 烹饪时间 15 分钟
＊能够做出大约 200 ml。

❶ 混合材料
将大蒜切成碎末。随后与 A 用料一起放入平底锅中混合，再倒入一些红酒。

❷ 煮
将平底锅放到大火上加热，轻轻搅拌煮熟，撇出上层的浮沫。约 8 分钟后，煮到剩下刚开始煮时的一半的量。

◉ 保存
放到密封的容器里，凉了以后盖上盖子放在冰箱里，在 1 个月内食用完。

◉ 实例
可以用作牛排等肉类的酱汁，或者放到煮鸡蛋上。也可以与洋葱、芝麻菜等各种散发香气的蔬菜搭配，与酸奶、冰激凌等乳制品也是绝配。作为煮菜的调味料或者烧烤酱汁也是不错的选择。

浇到烤牛肉上
在市场上出售的烤肉上添加一些薄洋葱片或者欧芹，再浇上"红酒沙司"。

初学者的"料理搭配"教程

"料理搭配"的基础"一汁三菜"
指一种汤和三种菜式。
不过不拘泥于这种形式也没关系哟!

以担任主角的主菜和用蔬菜做成的两种配菜为主,再配上一种汤,像这种简单的料理搭配也可以。主菜要选择肉类或者鱼类,配菜如果选用与主菜不同的食材或调味料,就会为这套料理搭配增添另一番风味。如果主菜中的配菜很多,或是汤中有很多蔬菜的话,可以适当减少配菜的种类。

敏子的尴尬剧场②
一汁三菜篇

汉字是这样的「一汁三菜」哟。

从姥姥那里学到了「一汁三菜」哟。

那,那种程度我还是知道的!

「一汁三菜」的意思嘛,不就是说吃三个汉堡再加一杯果汁吗?

可惜!

啊?是可惜没难倒我吗?

DUANG——

是可惜那样你会吃太多了。

才不是呢!

主菜

第 104 页　姜烧猪肉

第 119 页　油炸竹荚鱼

第 110 页　肉汁汉堡

+

配角菜品

第 92 页　酱拌小白菜

第 27 页　西红柿沙拉

第 128 页　土豆沙拉

+

汤类

第 100 页　滑子菇味噌汤

第 147 页　猪肉味噌汤

第 147 页　鸡蛋汤

常见于初学者！"错误 & 失败"

只追求"手快"就是失败的原因，我们要把握住每个菜的要点。

敏子的尴尬剧场③
快手做饭篇

"手快"不等于"擅长料理"，因料理不同，有的菜式"慢慢地"做会变得更好吃。这本书为了使初学者可以不出差错地烹饪，在程序、分量、火候等方面都下足了功夫，所以不用慌张，稍事停顿再开始炒菜，细致的操作也是影响味道的决定性因素。照着菜谱不遗漏要点，一起来慢慢做吧！

炒蔬菜时，放入后马上搅拌，错误！

会炒出水分，菜变得软塌塌的。
（正确的方法请参照第70页）

按照面粉糊、鸡蛋、面包的顺序给猪排挂糊，错误！

炸猪排的外壳易脱落，肉也很硬。
（正确的方法请参照第79页）

炒饭时，直接把米饭放进去炒，错误！

没有炒均匀，颜色看起来也非常杂乱。
（正确的方法请参照第139页）

食材与料理索引

🍖 肉

鸡肉
西红柿煎鸡肉 ------------------------ 066
盐烧鸡翅 ------------------------ 067
炸鸡块 ------------------------ 078
土豆蒸鸡肉 ------------------------ 083
茶碗蒸 / 鸡蛋羹 ------------------------ 083
鸡汁挂面 ------------------------ 101
照烧鸡腿肉 ------------------------ 106
芝麻沙司浇煎鸡肉 ------------------------ 107
蒲烧海苔鸡肉卷 ------------------------ 107
韩式烤鸡肝 ------------------------ 108
黑椒鸡胗 ------------------------ 109
海苔翅根 ------------------------ 113
鸡肉蘑菇饭 ------------------------ 138
黑高汤炒鸡肉 ------------------------ 152

猪肉
豆芽炒猪肉 ------------------------ 070
味噌炒青椒肉片 ------------------------ 071
炸猪排 ------------------------ 079
葱汁猪肉焯蔬菜 ------------------------ 089
姜烧猪肉 ------------------------ 104
葱姜盐烧猪肉 ------------------------ 105
羽根饺子 ------------------------ 111
煮猪肉片 ------------------------ 112
油炸猪肉丸 ------------------------ 113
豆腐五花肉 ------------------------ 120
苦瓜炒猪肉 ------------------------ 130
酱汁炒面 ------------------------ 144
猪肉味噌汤 ------------------------ 147

牛肉
西芹炒牛肉 ------------------------ 071
土豆炖牛肉 ------------------------ 074

肉馅
猪肉烧卖 ------------------------ 082
肉汁汉堡 ------------------------ 110
羽根饺子 ------------------------ 111
麻婆豆腐 ------------------------ 121
麻婆茄子 ------------------------ 132

鸡肉丸子蘑菇汤 ------------------------ 146
中式玉米浓汤 ------------------------ 150

肉的加工品
西式土豆培根炸饼 ------------------------ 125
小白菜炒香肠 ------------------------ 131
牛蒡炒熏猪肉 ------------------------ 131
颗粒分明的炒饭 ------------------------ 139
黑胡椒意面 ------------------------ 143
意式菜丝汤 ------------------------ 149
西洋醋汤 ------------------------ 150

🐟 鱼类

鱼块
法式黄油煎鲑鱼 ------------------------ 067
萝卜鰤鱼 ------------------------ 116
意式水煮鱼 ------------------------ 118

竹荚鱼 · 秋刀鱼 · 鲭鱼
味噌煮青花鱼 ------------------------ 075
法式香草煎鱼 ------------------------ 114
水煮秋刀鱼 ------------------------ 116
油炸竹荚鱼 ------------------------ 119

墨鱼 · 虾 · 章鱼
葱拌鱿鱼 ------------------------ 089
黄瓜醋拌章鱼 ------------------------ 093
烤鱿鱼 ------------------------ 115
芦笋炒虾仁 ------------------------ 115
鲜虾裹辣味番茄酱 ------------------------ 117
西式鲜虾芜菁浓汤 ------------------------ 155

生鱼片
生鱼片拼盘 ------------------------ 057
海鲜什锦寿司 ------------------------ 097
细卷寿司 ------------------------ 140

蛤蜊
蛤蜊浓汤 ------------------------ 148

鱼类加工品
水菜小鱼沙拉 ------------------------ 129
三文鱼棒寿司 ------------------------ 141

🫑 蔬菜

洋白菜、洋葱、红萝卜
蒜泥洋白菜沙拉 ------------------------ 021
洋葱香料沙拉 ------------------------ 023
韩式烤鸡肝 ------------------------ 108
牛蒡沙拉 ------------------------ 129
日式煎蔬菜 ------------------------ 134
德国泡菜 ------------------------ 134
咖喱味腌胡萝卜 ------------------------ 135
酱汁炒面 ------------------------ 144
意式菜丝汤 ------------------------ 149

土豆
土豆炖牛肉 ------------------------ 074
土豆蒸鸡肉 ------------------------ 083
西式土豆培根炸饼 ------------------------ 125
土豆沙拉 ------------------------ 128
蛤蜊浓汤 ------------------------ 148
意式菜丝汤 ------------------------ 149

青椒、彩椒
青椒拌海带 ------------------------ 026
味噌炒青椒肉片 ------------------------ 071
酱渍萝卜干蔬菜 ------------------------ 137

西红柿、小西红柿
西红柿沙拉 ------------------------ 027
西红柿煎鸡肉 ------------------------ 066
法式香草煎鱼 ------------------------ 114
鲜虾裹辣味番茄酱 ------------------------ 117
意式水煮鱼 ------------------------ 118
西洋醋汤 ------------------------ 150

黄瓜
芝麻拌拍黄瓜 ------------------------ 028
黄瓜醋拌章鱼 ------------------------ 093
腌制黄瓜 ------------------------ 135
细卷寿司 ------------------------ 140

南瓜、茄子、苦瓜
苦瓜炒猪肉 ------------------------ 130
麻婆茄子 ------------------------ 132

炖南瓜 ---------------------------------- 133

生菜、包菜、芹菜
生菜海苔沙拉 ------------------------- 030
西芹炒牛肉 ---------------------------- 071
葱汁猪肉焯蔬菜 ---------------------- 089
芹菜油豆腐炖菜 ---------------------- 133
粉丝沙拉 ------------------------------- 136
酱渍萝卜干蔬菜 ---------------------- 137
西洋醋汤 ------------------------------- 150

绿芦笋
芦笋温泉蛋 ---------------------------- 088
芦笋炒虾仁 ---------------------------- 115
日式煎蔬菜 ---------------------------- 134

荷兰豆、豌豆
芝麻拌豆角 ---------------------------- 093
荷兰豆鸡蛋 ---------------------------- 127

小油菜、青梗菜、西蓝花
蒜炒油菜 ------------------------------- 070
酱拌小白菜 ---------------------------- 092
白拌西蓝花 ---------------------------- 092
小白菜炒香肠 ------------------------- 131

芜菁、白菜、白萝卜
凉拌白菜 ------------------------------- 033
萝卜鲥鱼 ------------------------------- 116
清汤萝卜泥酸梅荞麦面 ------------- 145
西式鲜虾芜菁浓汤 ------------------- 155

牛蒡、莲藕
牛蒡沙拉 ------------------------------- 129
牛蒡炒熏猪肉 ------------------------- 131
日式煎蔬菜 ---------------------------- 134

山芋、芋头
酱油芥末山药 ------------------------- 036
炖芋头 ---------------------------------- 075

葱、香葱、韭菜
葱拌鱿鱼 ------------------------------- 089
葱姜盐烧猪肉 ------------------------- 105
豆腐五花肉 ---------------------------- 120

菌类
滑子菇味噌汤 ------------------------- 100
鸡肉蘑菇饭 ---------------------------- 138
颗粒分明的炒饭 ---------------------- 139
鸡肉丸子蘑菇汤 ---------------------- 146
鸡蛋汤 ---------------------------------- 147
和风黑高汤 ---------------------------- 152

豆芽、水菜、紫苏叶、香菜
豆芽炒猪肉 ---------------------------- 070
黄油拌豆芽玉米 ---------------------- 088
葱汁猪肉焯蔬菜 ---------------------- 089
鸭儿芹面筋汤 ------------------------- 100
水菜小鱼沙拉 ------------------------- 129
三文鱼棒寿司 ------------------------- 141
油豆腐水菜乌冬面 ------------------- 145

豆腐、豆腐加工品
葱拌豆腐 ------------------------------- 059
白拌西蓝花 ---------------------------- 092
豆腐五花肉 ---------------------------- 120
麻婆豆腐 ------------------------------- 121
铁板豆腐 ------------------------------- 122
照烧豆腐块 ---------------------------- 122
豆腐福袋煮 ---------------------------- 123
芹菜油豆腐炖菜 ---------------------- 133
油豆腐水菜乌冬面 ------------- 145

干菜、海藻加工品
海带柴鱼片当座煮 ------------------- 099
粉丝沙拉 ------------------------------- 136
煮羊栖菜 ------------------------------- 137
酱渍萝卜干蔬菜 ---------------------- 137

蛋
茶碗蒸 / 鸡蛋羹 ---------------------- 083
芦笋温泉蛋 ---------------------------- 088
豆腐福袋煮 ---------------------------- 123
鸡蛋饼 ---------------------------------- 124
西式土豆培根炸饼 ------------------- 125
汤汁鸡蛋卷 ---------------------------- 126
荷兰豆鸡蛋 ---------------------------- 127
卤鸡蛋 ---------------------------------- 127
颗粒分明的炒饭 ---------------------- 139
黑胡椒意面 ---------------------------- 143
鸡蛋汤 ---------------------------------- 147
中式玉米浓汤 ------------------------- 150

米、饭、面类、
意大利面食
三角饭团 ------------------------------- 096
海鲜什锦寿司 ------------------------- 097
黏糊糊的五分粥 ---------------------- 097
鸡汁挂面 ------------------------------- 101
鸡肉蘑菇饭 ---------------------------- 138
颗粒分明的炒饭 ---------------------- 139
细卷寿司 ------------------------------- 140
三文鱼棒寿司 ------------------------- 141
辣炒意大利面 ------------------------- 142
黑胡椒意面 ---------------------------- 143
酱汁炒面 ------------------------------- 144
清汤萝卜泥酸梅荞麦面 ------------- 145
油豆腐水菜乌冬面 ------------------- 145

其他
鸭儿芹面筋汤 ------------------------- 100
中式玉米浓汤 ------------------------- 150
万能蒜香酱油 ------------------------- 153
甜咸味花生调料汁 ------------------- 153
白沙司 ---------------------------------- 154
红酒沙司 ------------------------------- 155

图书在版编目（CIP）数据

料理全书：新版 /（日）高木初江著；石秀梅译
. -- 贵阳：贵州科技出版社，2020.4
ISBN 978-7-5532-0847-3

Ⅰ.①料… Ⅱ.①高…②石… Ⅲ.①菜谱—日本
Ⅳ.① TS972.183.13

中国版本图书馆 CIP 数据核字（2020）第 017592 号

KIHON GA WAKARU! HATSUE NO RYORIKYOSHITSU
by Hatsue Takagi

著作权合同登记图字：01-2015-4904 号

料理全书：新版
LIAOLI QUANSHU: XINBAN

出　　版	贵州科技出版社	
地　　址	贵阳市中天会展城会展东路 A 座（邮政编码：550081）	
网　　址	http://www.gzstph.com	
出 版 人	熊兴平	
选题策划	联合天际	
责任编辑	李　青	
特约编辑	好同学	
美术编辑	梁全新	
封面设计	王颖会	
发　　行	未读（天津）文化传媒有限公司	
经　　销	全国各地新华书店	
印　　刷	雅迪云印（天津）科技有限公司	
版　　次	2020 年 4 月第 1 版	
印　　次	2020 年 4 月第 1 次	
字　　数	152 千字	
印　　张	10	
开　　本	787mm×1092mm　1/16	
书　　号	ISBN 978-7-5532-0847-3	
定　　价	58.00 元	

关注未读好书

未读 CLUB
会员服务平台